化学工业出版社
·北京·

图书在版编目（CIP）数据

一鸟一世界：鸟国奇趣之旅/赵序茅著. —北京：化学工业出版社，2019.11（2020.1重印）

ISBN 978-7-122-35147-0

Ⅰ.①一… Ⅱ.①赵… Ⅲ.①鸟类-普及读物
Ⅳ.①Q959.7-49

中国版本图书馆CIP数据核字（2019）第192983号

责任编辑：孙晓梅　　装帧设计：尹琳琳

责任校对：王　静

出版发行：化学工业出版社（北京市东城区青年湖南街13号　邮政编码100011）

印　　装：天津图文方嘉印刷有限公司

710mm×1000mm　1/16　印张$14^{1}/_{2}$　字数270千字　2020年1月北京第1版第2次印刷

购书咨询：010-64518888　售后服务：010-64518899

网　　址：http：//www.cip.com.cn

凡购买本书，如有缺损质量问题，本社销售中心负责调换。

定　　价：88.00元

世界上现存1万余种鸟类，它们都是大自然独一无二的存在，每一种鸟类都有自己独特的生活史和迥然不同的命运，可谓“一鸟一世界”！

鸟类中，猛禽是一类特殊的存在，它们如同古代的王侯，掌握着芸芸众生的生杀大权，可是光鲜的外表下，波诡云谲。猛禽是食物链上的顶级杀手，它们各怀绝技，占据着生态位上的制高点。可是，它们的命运又极其坎坷，从卵中破壳而出的那一刻起，猛禽就面临着极其严酷的生存考验，不是所有的猛禽都能翱翔蓝天。——它们的世界异常艰苦！

鸟类中不存在害鸟与益鸟，它们都是大自然的臣民。可是，人类出现后，根据自己的好恶，将它们区分开来，将对人类有益的捧成益鸟，有害的贬为害鸟。人类的干预，让鸟类的世界产生了分化。那些被归为益鸟的，成为人类的卫士，为民除害，比如粉红椋鸟、远东山雀、啄木鸟等。其实，这样区分只是人类的一厢情愿，鸟类拥有自己的世界，它们在自己的世界中，只是生存的策略不同而已。——它们的世界不存在好坏！

鸟羽之美是大自然神奇的造就，美丽的羽毛是自然选择的产物，雄鸟用它来吸引异性。可是，鸟羽之美也引来了人类的觊觎，比如翠鸟那华丽的羽毛被活生生地拔下来，用于制作点翠；褐马鸡的羽毛被制成古代官员的顶戴花翎；孔雀羽被织成光华灿烂的“雀金裘”……这些可怜的鸟儿因自己的美丽引来种种杀身之祸。——它们的世界异常凄凉！

人类社会充满是是非非，而动物界又何尝不是如此？你以为代表恩爱的鸳鸯真的忠贞不渝吗？你以为只有仙鹤代表长寿吗？你以为喜鹊只是一种平凡的鸟吗？你以为孔雀胆和鹤顶红有毒吗？在历史上，人类由于对动物的行为、习性认识不足，仅凭它们的长相或部分特征，就草率下结论的例子比比皆是。——它们的世界充满争议！

人类“每逢佳节倍思亲”，鸟类也会“故乡今夜思千里”。鸟类中的一些种类会随着季节变化而南北迁移，这些鸟类称为候鸟。每年春秋两季，候鸟会沿固定路线往返于繁殖地和越冬地之间。这个繁殖地——鸟类出生的地方，就是鸟类的“故乡”。为了回到家乡，每年这些鸟儿都会跋山涉水、不远万里地进行迁徙。——它们的世界一往无前！

法国哲学家亨利·柏格森在《创造进化论》一书中，认为“凡是能够做出推论的动物都具备智力”“从似乎是其原初的特征看，智力就是一种制造人造对象（尤其是制作用以制作工具的工具）的机能，这是一种对这种制造品进行无限变化的机能”“完善的智力是一种制造和使用非器官化工具的机能”。根据我的观察，很多鸟类都是具备智力的：绿背山雀是一种食虫鸟，每天都辛苦地寻找食物，有一天它们发现人类的灭虫灯可以提供免费的早餐，于是每天早晨，这些绿背山雀都会前来享用，仿佛这里成了它们的餐桌；许多鸦科鸟类会制造和使用工具；戈芬氏凤头鹦鹉不仅可以自己创造工具，而且还会利用自己制造的工具吃到想要吃的食物……在长期的生存中，人类积累了足够的智慧，诸如《孙子兵法》《三十六计》等。我发现鸟儿们也可以巧妙地应用一些“计谋”：叉尾卷尾特别擅长模仿别的鸟的警报声，从而实现它的终极阴谋——抢劫其他鸟类的食物。——它们的世界充满智慧！

何为勇士？鲁迅先生有言：“真的勇士，敢于直面惨淡的人生，敢于正视淋漓的鲜血。”人类世界如此，鸟类世界也一样。奥林匹克森林公园的一处湿地上，一对小䴙（pì）䴘（tī）夫妇正在筑造巢穴，可是它们命途多舛，狂风、暴雨、外敌入侵一次又一次地摧毁它们的巢穴。面对惨淡的鸟生，小䴙䴘夫妇重整旗鼓，一次又一次地重新搭建巢穴，它们靠坚强勇敢最终构建成一处希望之巢。天有不测风云，鸟有旦夕祸福，危险面前，真正的勇士不会退缩。当天敌入侵家园，巢中孩子危在旦夕时，小小的金眶鸻、黑翅长脚鹬拿出拼命的架势向入侵者宣战，它们用生命呵护子女的平安。这些小小的鸟儿在危险面前展现出的勇气令人肃然起敬。——它们的世界由勇敢者写就！

“问世间情为何物，直教人生死相许”，人世间爱情的存在产生了激荡起伏的爱情故事。而鸟类激烈的求偶竞争催生了花样百出的求偶方式：草原上的大鸨通过比舞来招亲，虎皮鹦鹉通过“学习技术”吸引异性的青睐，而彩鹬反其道行之，它们呈现母系社会的繁殖特征，通过占有资源而实行一妻多夫制。——它们的世界胜者为王！

鸟类中存在着一群十分特殊的群体，在漫长的进化过程中，它们不是向更敏捷的方向演化，而是变得更懒惰、更笨拙，放弃了捕食动物的习性，转而取食动物尸体，干起“收尸”的行当。“改行”的结果是，它们的体型变得笨重，脚、爪钝而无力，飞行虽然持久，却不够灵巧，更谈不上迅速、敏捷。只有嘴变得十分强健发达，成为撕扯动物尸体的有效工具。长期觅食尸体、腐肉，使它们成了徒有虚名的猛禽。——它们的世界存在就是合理！

……

一鸟一世界，鸟类的世界丰富多彩，本书将带你踏上探索鸟类国度的奇妙而有趣的旅程。

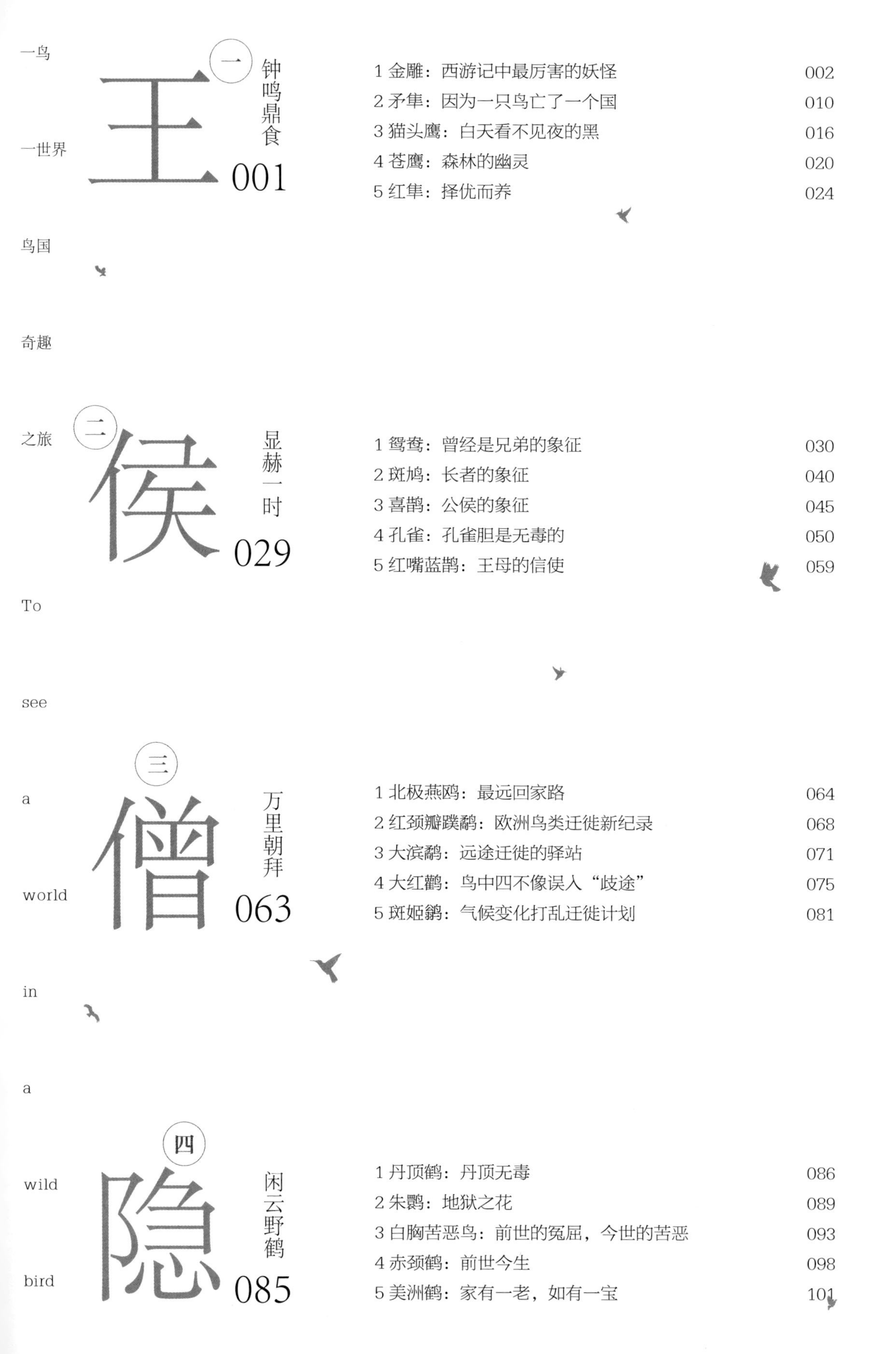

一鸟一世界 鸟国奇趣之旅

To see a world in a wild bird

五 医 为民除害 105

六 儒 科甲取士 127

七 勇 勇者无敌 145

八 情 求偶有法 161

一鸟一世界 鸟国奇趣之旅

To see a world in a wild bird

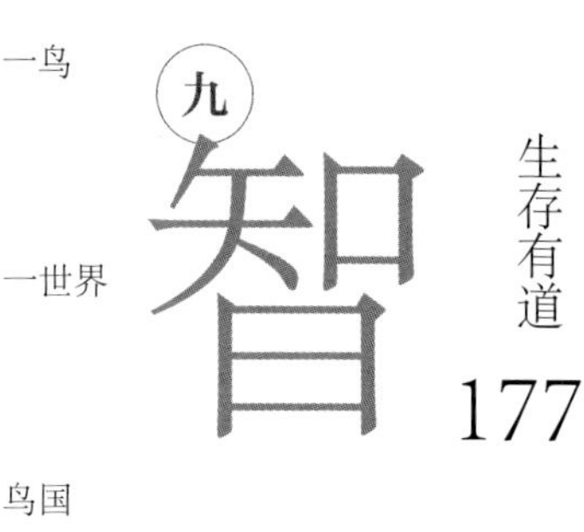

九 智 生存有道 177

十 食 因人而食 197

目录

猛禽处于食物链的顶端，如同古代的王侯贵族。在控制生态平衡方面，猛禽发挥着不可或缺的作用。全世界有几百种猛禽，涵盖了鸟类传统分类系统中隼形目和鸮形目的所有种类。不过随着分子生物学的研究，科学家们发现隼形目中的鹰科和隼科的亲缘关系并不是最近的，隼科反而与鹦鹉关系更近，隼形目和鹰形目可以独立成两个目。猛禽在所属的生态位中，以中小型啮齿类动物为食物，对于维持健康的生态系统至关重要。例如，金雕是以十几种中小型兽类为食物，可以控制啮齿动物种群增长，保护生态系统。近年来，人类活动的加剧、栖息地破坏、投毒灭鼠、气候变化、偷猎、风力发电等，迫使食物链顶端的猛禽正在转变成为“弱势群体”，南亚的秃鹫险些遭受灭顶之灾，非洲的秃鹫和猫头鹰遭到大规模捕杀，中国境内所有的猛禽都已经成为国家二级及二级以上保护动物。

一

钟鸣鼎食

1

金雕

西游记中最厉害的妖怪

一鸟
一世界
鸟国
奇趣
之旅

To see a world in a wild bird

要论《西游记》中最厉害的妖怪，大鹏金翅鸟的呼声最高。一出场便打得孙悟空毫无招架之力。再看如来佛祖去收大鹏金翅鸟时的阵势，几乎是倾巢出动。五百罗汉，三千揭谛，迦叶阿傩（阿难）两随从，普贤文殊二菩萨，再加上燃灯弥勒两个佛祖级的人物，才最终收服大鹏金翅鸟。那么这么厉害的妖有原型吗？马克思都说了，物质决定意识，先有物质后有意识。所以作者应该是以现实中的事物为原型创作的大鹏金翅鸟。那么现实中大鹏金翅鸟的原型是什么？或者说自然界中有没有一种生物和它相似呢？我们未必能找到答案，但是层层剖析后可以无限接近真相。

考究务必溯本求源，要找到它原始的出处。且看《西游记》原文中对于大鹏金翅鸟的描述："金翅鲲头，星睛豹眼。振北图南，刚强勇敢。变生翱翔，鷃笑龙惨。抟风翮百鸟藏头，舒利爪诸禽丧胆。这个是云程九万的大鹏雕。"

我们先看这个"金翅鲲头"，这很明显是借鉴了庄子的说法。鲲鹏最早出现于道家学说《庄子·逍遥游》，书中记载："北冥有鱼，其名为鲲。鲲之大，不知其几千里也；化而为鸟，其名为鹏。鹏之背，不知其几千里也。怒而飞，其翼若垂天之云。是鸟也，海运则将徙于南溟。南溟者，天池也。"这是鲲鹏最早的出处。庄子这段话描述的动物，我们从生物学的角度考虑，大可用三个字概括——不存在，自然界中没有这种鸟，也没有这种鱼。但是，庄子不

金雕 VS 大鹏金翅鸟

是动物学家，我们不能强求。在古代，庄子是地地道道的文学家，所以我们要从文化的角度考虑。我们假设庄子看到过一种鸟，根据这个鸟进行发挥，他给我们透漏出一个最重要的信息，这只鸟大，很大！并且还有迁徙的习性。此外，庄子是中国人，不可能看到外国特有的鸟类。那么我们可以对中国的鸟类进行第一次筛选，关键词为“大”“迁徙”“海边”“中国”。我们基本上可以将范围锁定在大型猛禽上。大天鹅、大鸨也很大，但是《诗经》里面早有这两种鸟的描述，庄子作为著名文学家，不会不知道。

如果说庄子对于大鹏的描述还比较抽象，那么吴承恩先生在庄子的基础上，进一步具体化，加上了“金翅雕”三个字，表明此鸟外表上的一个重要特征便是金翅。自然界中，严格来说长有金翅的雕并不存在。但是有一种雕，非常接近，那便是金雕。2011 年的暑假，我第一次在新疆的阿拉套山见到金雕就被其震撼住了：它体长 70 ～ 85 厘米，翅膀展开可达2米，头具金色羽冠，翅膀浓褐色。如今看来，金雕的形象既符合“鹏”（大型猛禽），又非常接近金翅。

再看习性，大鹏金翅鸟“变生翱翔”，翱翔是金雕飞行的重要特点，小型雕类也会，但是不常用。继续看，“抟风翮百鸟藏头，舒利

鹰击长空

西锐拍摄

爪诸禽丧胆”说明禽兽都害怕。自然界中，金雕以中小型鸟类、兽类为食物，被称为空中霸主、猛禽之王，非常符合这一特征。

最后，从生境上分析，大鹏金翅鸟出现在狮驼岭。狮驼岭在哪儿？这个需要推断。根据《西游记》取经路线，唐僧师徒路过狮驼岭出现在全书第 74 回，应该在今阿富汗北境，属于中亚地区。而中亚地区，恰是金雕的重要分布区、繁殖区。由此，我不仅能判定狮驼岭及其周边有金雕分布。还可以进一步判定，分布在此处的金雕为金雕六大亚种之一的中亚亚种，体型最大。

从生物学上解读，大鹏金翅鸟的原型最接近金雕，似乎没有问题。但是，从文化属性上看，有人提出“大鹏金翅鸟的原型是蛇雕”。理由是《西游记》中大鹏金翅鸟和佛祖的关系很近，而在佛教中也有对金翅鸟的介绍：“金翅鸟，又名‘迦楼罗’，源自古代印度神话传说，是佛教天龙八部之一的护法形象，是神鸟修婆那族的首领，众鸟之王。迦楼罗的形象多为人面、鸟嘴、羽冠，腰部以上为人身，以下为鸟身。在印度神话中，迦楼罗是天地间的猛禽，威力无比，是大神毗湿奴的坐骑，以龙（印度神话中的大毒蛇）为食，双翼展开有三百三十六万里，居于须弥山北方。”从介绍中可以看出，金翅鸟喜好吃蛇，与蛇雕的食性相似。

雷霆一击
邢睿拍摄

霸气金雕
西锐拍摄

中文名
金雕
拉丁学名
Aquila chrysaetos
中国保护级别
Ⅰ
IUCN 保护级别
LC

蛇雕

但是，仅仅从食性上就判定迦楼罗是神话了的蛇雕，也很牵强。要知道蛇雕属于中型猛禽，不会成为众鸟之王。且蛇雕捕捉的都是无毒的蛇。科学家为此专门做了试验后发现：在人工饲养下长大的蛇雕虽然并没有野外捕食的经验，也没有成雕教它识别蛇，却能够躲避类似毒蛇的体色和形状的物体。因此科学家认定：蛇雕具有与生俱来躲避毒蛇的本能，并不好食毒蛇。当然，涉及图腾和宗教，我们且退一步，不细究，姑且认为蛇雕就是大鹏金翅鸟的原型。

那么蛇雕是不是大鹏金翅鸟？

我看不是。因为中国古代有蛇雕的记载。我国古人称蛇雕为“鸩”，被认为是一种有毒的鸟——“鸩鸟黑身赤目，食蝮蛇野葛，以其羽画酒中，饮之立死。”古人将它的羽毛浸泡在酒中制成毒酒，成为杀人的一种方式。《汉书·齐悼惠王传》中“太后怒，乃令人酌两卮鸩酒置前，令齐王为寿”的文字就记载了这种杀人不见血的杀人方式。李时珍在《本草纲目》禽部中也提到鸩。作为同时期的吴承恩没有理由不知道。

从生物学的角度分析，《西游记》中的大鹏金翅鸟，最有可能的原型是金雕。如果动物属性和文化交织在一起，那就剪不断理还乱了。

《西游记》中，大鹏金翅鸟虽然在唐僧取经途中制造了一些麻烦，但毕竟有惊无险。不过现实中人类给金雕制造的麻烦不胜枚举，人类破坏金雕的栖息地、在利益的驱动下违法捕猎贩卖金雕，害得它们家破鸟亡，如今金雕在中国的数量不足万只，属于国家一级重点保护动物。

2

矛隼

因为一只鸟亡了一个国

一鸟
一世界
鸟国
奇趣
之旅

To

see

a

world

in

a

wild

bird

《西游记》中有一段写道："但见：狐皮苫肩顶，锦绮裹腰胸。袋插狼牙箭，胯挂宝雕弓。人似搜山虎，马如跳涧龙。成群引着犬，满膀架其鹰。荆筐抬火炮，带定海东青。"这海东青为何物？一直是我心中的一个谜。

据史记载，辽国天祚帝就是因为海东青而导致亡国的。因为一种鸟亡了一个国？我们自然不能以今人的想法来思考古人，要了解当时的情景，还需要还原当时的时代背景。

早在唐朝的时候，帝王们就热衷于狩猎，那时候的狩猎可不同于纨绔子弟的游玩，而是以此纪念在马背上打下天下的祖辈，勉励子孙不能忘本。唐朝时，鹰是狩猎的重要助手，唐朝专门设有掌管助猎鹰犬的"五坊"，五坊由闲厩使管理，分为雕坊、鹘坊、鹞坊、鹰坊、狗坊五个子坊，其中鹰坊负责管理和驯养皇家狩猎所需的猎鹰。

相比于唐朝，后期的辽国皇帝对于鹰猎的热衷有过之而无不及。在众多猎鹰中，辽国皇帝酷爱一种唤作"海东青"的猛禽。在辽国每年举行的"春水"行猎中，海东青扮演了重要的角色。皇帝会利用海东青来抓捕天鹅，随后还要举行"头鹅宴"。辽国皇帝虽然青睐海东青，可是这种猛禽在他们统治的区域却很少，需要别的小国进贡。在唐期以后，海东青的主要来源在海东地区，因此这种猛禽也是因地得名。古代的海东是指黑龙江和松花江下游地区，那个时期属于女真部落的领地。相比于强大的辽国，

海青击鹄图

明代殷偕画

女真部落当时比较弱小，只能每年给辽国进贡海东青，寻得庇护。

女真人将海东青视为图腾，称其“雄库鲁”，意为世界上飞得最高和最快的鸟，有“万鹰之神”的含义。辽国皇帝为了获取足够的海东青，经常派人到女真部落捕捉，并且强迫其每年进贡。最终，辽国皇帝的压榨激起了女真人的怨愤，在首领阿骨打的率领下，集女真诸部兵，擒辽障鹰官，灭辽。海东青是辽灭金兴过程中一个不可忽略的因素，围绕进贡海东青而展开的斗争，为女真完颜部崛起和统一女真诸部提供了契机。

那么现实中海东青究竟是何种鸟类呢?

从地域上看，徐学良、谷风在《海东青的分布和产地》中记载：海东青的分布东起雅霍茨克海以东的库页岛、日本海以东的日本和西南的朝鲜等地，西至甘肃、宁夏和青海北部以西，北至贝加尔湖、叶尼赛河流域至北冰洋沿岸，南至我国河北昌黎、山东登州沿海一带。这一带分布的猛禽有矛隼、燕隼、灰背隼（候鸟）、猎隼、游隼、阿穆尔隼、红隼、黄爪隼、鹗、苍鹰。种类较多，需要进一步的信息支持。

据《宫廷鹰鹞》记载：海东青“体小而俊健，钩爪劲而有力，目光锐敏，飞行极高，因而神俊猛鸷异常。它盘旋空中，可以无微不瞩;栖于地面，能见云霄中物。又因飞时能旋风直上云际，且善以小制大，故尤善捕天鹅”。据此描述，我们不难发现，海东青的特点是体型不大、比较凶猛，善以小制大、善捕天鹅。这一习性不仅此处提到。在吉林敦化一带流传着一首叫《阿玛有只小甲昏》的歌谣：“拉特哈，大老鹰，阿玛有只小角鹰。白翅膀，飞得快，红眼睛，看得清。兔子见它不会跑，天鹅见它就发懵。佐领见了睁大眼，管它叫做海东青。拴上绸子系上铃，吹吹打打送进京。皇上赏个黄马褂，阿玛要张大铁弓。铁弓铁箭射得远，再抓天鹅不用鹰。”此歌谣中也有海东青体型小、善捕天鹅的描述。

据《满洲源流考》援引《北盟录》记载：“辽东海汊盛产东珠,大如弹子,小若梧桐子。每八月望月色如画，则珠必大熟。每年十月开始采捞珠蚌，而天鹅能吞食珠蚌，则珍珠必藏其嗉囊。因而人们即以海东青捕天鹅，又于天鹅嗉囊中获得珍珠。”从文中可以看出，人们特别关注海东青善捕天鹅的特征，是因为人们能从海东青捕捉的天鹅的嗉囊中获得珍贵的东珠。这也就给了我们一个明确的线索。能捕捉天鹅的猛禽很多，但善于捕捉，并且还广为人知，说明此鸟生活在沼泽、水域附近。有这样习性的猛禽，中国有矛隼、苍鹰、鹗、白头鹞、白尾鹞、鹊鹞，这样就进一步缩小了范围。

综合上述因素，筛选剩下的有矛隼、苍鹰、鹗，还需要继续论证。

中文名

矛隼

拉丁学名

Falco rusticolus

中国保护级别

Ⅱ

IUCN 保护级别

LC

洞口狩猎－矛隼（青灰色）

邢睿拍摄

早在唐代，海东青就已是满族先世靺鞨朝奉中原王朝的名贵贡品。在金元时期有这样的规定：凡触犯刑律而被放逐到辽东的罪犯，谁能捕捉到海东青呈献上来，即可赎罪，传驿而释。当时的可汗贝勒、王公贵戚，为得名雕不惜重金购买，成为当时的一种时尚。当时一只普通的海东青价格在30两白银以上。海东青如此珍贵，说明数量非常少。苍鹰和鹗不符合数量稀少这一条件，那就只剩下矛隼了。

那么，海东青是不是就是矛隼呢？我们来验证一下。

矛隼的繁殖期为5～7月，营巢于北极的海岸、河谷悬崖以及苔原地带的树上。在中国境内，矛隼仅仅是迁徙而来的冬候鸟。由于数量不多，又不在国内繁殖，捕捉矛隼自然困难，所谓“物以稀为贵”，数量的稀少更是彰显了它的身价，符合上述珍贵稀少的特点。

清代杨宾《柳边纪略》卷三：“海东青者，鹰品之最贵重者也，纯白为上品，白而杂他毛者次之，灰色者又次之。”《异域录》里也记载，海东青“有雪白者，有芦花者，有本色者”，本色即青色或青灰色。苏颐在他的《双白鹰赞》中记载“开元乙卯岁年，东夷君长自肃慎扶余而贡白鹰一双。其一重三斤有四两，其一重三斤有二两，皆皓如练色，斑若彩章，积雪全映，飞花碎点。”这些文献表明，海东青羽毛颜色有纯白色、白色掺杂其他杂色及灰色。再来看矛隼的羽色：矛隼羽色变化较大，有暗色型、白色型、灰色型。暗色型的头部为白色，上体灰褐色到暗石板褐色，具有白色横斑和斑点，尾羽白色，具褐色或石板色横斑，飞羽石板褐色，具断裂的白色横斑，下体白色，具暗色横斑；白色型的体羽主要为白色，背部和翅膀上具褐色斑点；灰色型的羽色则介于上述两类色型之间。在冰岛少数冰天雪地的高寒地区，矛隼为了适应环境还会出现遍体洁白的个体，又叫白隼。可以看出，矛隼的羽色与文献中描述的海东青的羽色完全吻合。

至此，现代野生动物学家推断海东青最有可能是矛隼。

矛隼（白色掺杂其他杂色）

图片来自约翰·詹姆斯·奥杜邦的《美洲鸟类》

3

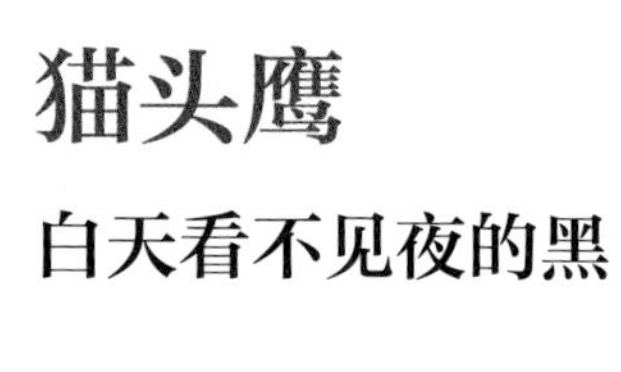

猫头鹰

白天看不见夜的黑

一鸟
一世界
鸟国
奇趣
之旅

To
see
a
world
in
a
wild
bird

呆萌的猫头鹰
图片来自佛朗西斯科 · 尼古拉斯 · 马丁内特的《鸟类学》

大多数人印象中的猛禽多少都有些“威武霸气”，如金雕、矛隼等，殊不知猛禽种类繁多，有一类猛禽，它们非但不猛，反而还有些“萌”。这便是鸮，俗称猫头鹰。

2017 年 9 月，我在唐家河国家级保护区调查川金丝猴，在水池坪保护站周围见到了一只罕见的“萌”禽。下午时分，雨过天晴，我沿着唐家河保护区水池坪的环山公路四处查看。道路两旁的电线杆以及干枯的树枝上是鸟儿最喜欢的停歇地。果不其然，马叔在河对岸的一棵大树上有所发现。沿着马叔的视线，我却毫无察觉。直到马叔将其拍下，我才发现有一只黄脚鱼鸮在上面休息。它身上的羽毛纹理和周围的环境巧妙地融合在一起，浑然天成，毫无破绽。这是鸮形目鸟类赖以生存的保护色。

大多数猛禽在白天捕猎，晚上休息。而猫头鹰是个例外，绝大多数鸮形目鸟类昼伏夜出。一般而言，夜间工作者需要敏锐的视力，然而猫头鹰又是个例外，它们的视力远远不如日行性猛禽，甚至连人类也不如。人类视觉敏锐度的值在 30 ～ 60 之间，而猫头鹰普遍在 5 ～ 10 之间，是鸟类中视觉敏锐度最低的。此外，它们的观察视野远远不如其他鸟类，猫头鹰双眼重合视野大于 50 度，盲区大于 160 度。为了弥补视野的不足，鸮形目鸟类的头部可以旋转 270 度。

既然猫头鹰的视力比人还低，那为何能在夜间捕猎呢？这涉及眼睛的感光度的问题。视觉敏锐度会受到光线的影响，即便你视力再好，没有光线，眼中也是漆黑一片。尽管猫头鹰白天视力不好，夜晚却好得多。这其中的奥妙隐藏在眼睛的光感受器中。眼睛中的光感受器包括视杆细胞和视锥细胞，其中视杆细胞感知光线，视锥细胞感知颜色。视杆细胞的密度越大，感知光线的能力越强，越能在微弱的光线下看清事物。猫头鹰眼睛内视杆细胞密度很大，是人类的 35 ～ 100 倍，在光线微弱的环境下，人完全看不清目标时，猫头鹰却可以看见。

此外，猫头鹰的听觉系统非常灵敏，可以感知细微的声音。人类的耳朵年老之后会听力变弱或者变聋。而研究发现，鸮形目的仓鸮的听力却不会因年龄而严重退化，可以一直保持敏锐的听力。这是因为，人耳朵内负责听力的细胞受损后无法修复，而仓鸮却可以。通过敏锐的视觉和听觉，猫头鹰可以在夜晚毫无障碍地捕捉猎物。黄脚鱼鸮不仅可以抓鱼，也能猎杀地上的猎物，比如野兔、鼠类。

鸮形目的鸟类大多是捕鼠高手，间接地为人类保护粮食。按照人类的标准，它们应该属于益鸟，受到歌颂和赞扬。然而，2000 多年来，猫头鹰一直背负一身恶名。诸如很多民间传闻“不怕夜猫子叫，就怕夜猫子笑”。时至今日，

黄脚鱼鸮
向定乾拍摄

以鸮为原型的青铜器
图片来自罗覃（Thomas Lawton）的《弗瑞尔美术馆藏中国青铜器图录》

一些偏远地区依旧对猫头鹰存在深深的误解，并且这种误解已经伤害到了它们。我在新疆有一个朋友，她非常热爱鸟类。有一只猫头鹰在她家里筑巢，持续了 3 年。可是，邻居对此非常不理解，认为猫头鹰在附近会带来不祥。迫于邻居的压力，她不得不忍痛将猫头鹰赶走。

猫头鹰为人类出了这么多力，但为何不受待见呢？有很多人认为，猫头鹰是晚上工作，白天休息，它出再多力，古人也看不到。事实并非如此。早在 2000 多年前，中国的先人就对猫头鹰有了科学的认识。在商朝出土的青铜器中有很多鸮的造型，以它们造型的青铜器多是礼器。在古代能在礼器上的动物都是倍受推崇的，这说明猫头鹰在商朝是一种很受崇拜的鸟。然而，商朝之后出土的文物中，却少见鸮的造型的礼器。直到汉朝的墓葬，出土过少量鸮的造型的文物。不过，都是冥器，和礼器的地位不可同日而语。由此，也可以看出猫头鹰地位的变化。

为何如此？

对猫头鹰态度变化的关键时期可能在周朝。周朝推翻商朝而立国。因此，很有可能对周朝的文化进行了改造。那么，商朝推崇的猫头鹰极有可能会受到诽谤。而之后的各朝各代，推崇周期的礼制。因此，猫头鹰的恶名也就固化了。

4

苍鹰

森林的幽灵

一鸟
一世界
鸟国
奇趣
之旅

To

see

a

world

in

a

wild

bird

苍鹰

2013 年 1 月 4 日，我在新疆叶县境内一户农家院子里发现一只苍鹰。它的脖子前面系着一个沉甸甸的铜铃，被一根长绳束缚在鹰架上。它无法再自由翱翔，只有它的眼睛始终向着蓝天。

中文名

苍鹰

拉丁学名

Accipiter gentilis

中国保护级别

Ⅱ

IUCN 保护级别

LC

我在一棵山核桃树上发现一只苍鹰立在树枝上，眼睛炯炯有神，名副其实的鹰眼犀利。和鹰类相比，人的视力简直弱爆了，人类的眼睛占头部的比例不足 2%，而鹰类可达 10%。它们的眼睛如同一台变焦相机，可以将观察的物体瞬间放大 40%。

眼前的这只苍鹰有没有发现我呢？

这个问题显得有些幼稚。它可以在高空中发现 1600 米外的一只兔子，更何况是我这只庞大的两脚兽。眼睛的敏锐程度取决于视网膜上的神经细胞密度，猛禽视网膜上的神经细胞密度一般是人类的 3 倍以上，有些猛禽视网膜上的视觉神经细胞密度甚至比人类高 10 倍以上。此外，猛禽的眼睛长在头部两侧，使得它们拥有更开阔的视野，可以达到 270 度。眼前这只苍鹰正密切注视前方，它双眼的视野如同双筒望远镜，可以重合也可以分开独自成像。当它注视身体两侧的时候，可以看清身体后面和头顶的物体，这种能力是人类所不具备的。当然，这样也有个小的瑕疵，过于开阔的视野，使它不容易判断物体的方位。

我慢慢地靠近苍鹰所在的位置，它开始转了下头，用单侧眼睛看着我。在我们人类中，斜眼看人是不礼貌的，让人感觉不受尊重，而在鸟类中这是对你极大的尊重，这表明它开始关注你了。当鸟类侧面看你的时候，才是视力最清晰的时候，因为鸟类最敏锐的视觉区在侧面。视觉最敏锐的地方位于视网膜中的中心凹陷区，人类一只眼睛中只有一个中心凹陷区，而猛禽 1 只眼睛却有 2 个中心凹陷区。多出来的中心凹陷区能起到什么作用呢？当我们人类眼睛集中看前方物体时，中央清晰，侧面模糊。而猛禽视网膜上有 2 个中心凹陷区，使得它们看前面的同时也能够看清侧面。人眼中的世界与猛禽眼中的显然不同，它们的视野比人类更加开阔、更加清晰。如果在野外，它们一定能先于人类发现目标。敏锐的视觉是猛禽赖以生存的法宝，再加上它们高超的飞行技巧和锋利的爪子，使得猛禽成为名副其实的捕猎高手。

一旦林中大雾散去，便是苍鹰出击的时刻。在茂密的森林中，苍鹰是如同幽灵一般的存在，对于森林中的小动物们而言，发现它的时候，便意味着死神降临。白色的腹部羽毛、褐色的横斑、眼眶上白色的眉毛，这是苍鹰的标志性特征。密林中穿行是苍鹰的拿手好戏，遇到狭小的密枝，它把翅膀往后一缩，就能迅速穿过，如同电影里武林高手的缩骨神功，轻而易举地从手铐里挣脱。它流线形的身体和横纹，将气流均匀地散开，如同幽灵在森林中穿行，没有一丝声响。我曾经在唐家河保护区见到过一次苍鹰捕杀野兔，其场景至今依旧历历在目。

苍鹰发现了地面的目标，它没有立即出击，而是躲在附近的一棵树上。对于捕猎，它有足够的耐心，可以等待，可以忍耐，不求每一次出击都有收获，只愿每一次捕猎都全力以赴。苍鹰迅速锁定了地面上觅食的野兔，它在计划着如何以最短的路线出击，做到“一击必杀”。稍作调整，只见苍鹰故意降低自己飞行的高度，在树林中最密集的地方穿梭，借助茂密的树枝隐藏自己的行踪。苍鹰悄然接近野兔，它收紧了翅膀，进入最后的俯冲，犹如一道精准的闪电，奔向地面上的野兔。野兔觉察到空中的黑影，立即躲闪。可是一切太迟了，苍鹰伸出了金黄的爪子，打开翅膀，调整尾部，借助俯冲的力量，牢牢地抓住野兔。它把翅膀伸开，紧紧地裹住野兔，用锋利的爪子刺进野兔的皮肉里。紧接着，苍鹰猛烈地用刀子般的喙叨向野兔的眼睛和头部。几分钟后，野兔停止了挣扎。

5

红隼

择优而养

猛禽强悍的外表往往掩饰了它们生存的艰难。距离乌鲁木齐市区大约二十多公里，在芦草沟乡石人沟村旁，有一个叫石人沟的地方。对于新疆的鸟友而言，这里是个绝佳的去处，尤其是到了秋季鸟类迁徙的时候，黑耳鸢、毛腿沙鸡、黄爪隼、红脚隼、红隼……随处可见。众多鸟类中，留给我最深印象的还是红隼，它颠覆了我对于动物抚养后代的认识。

红隼分布广泛，在全疆各县都有繁殖记录。它们所处的环境都属于中纬度地带的荒漠草原，植被低矮、稀疏，视野开阔。它们经常在空中盘旋，搜寻地面上的老鼠、蛙、蜥蜴、蛇等动物，捕食的猎物也偏大。红隼猎食在白天，主要在空中搜寻，或在空中迎风飞翔，或低空飞行搜寻猎物，经常扇动两翅在空中作短暂停留观察猎物，一旦锁定目标，则收拢双翅俯冲而下直扑猎物，然后再从地面上突然飞起，迅速升上高空。有时则站立于悬崖岩石的高处，或站在树顶和电线杆上等候，等猎物出现时猛扑而食。

在石人沟，我们总共发现了 9 个红隼巢。从筑巢的习惯上看，红隼多在树尖、悬崖的石台上筑巢，也有在半暴露、半开放的石檐下筑巢的。红隼的巢穴比较固定，有沿用旧巢的习性，每窝产卵 2 ～ 4 枚。育雏期的时候，红隼雄鸟捕猎，将猎物转交给雌鸟，由雌鸟喂雏。另外，可能是较大型猎物难以捕捉的缘故，红隼喂雏的频率一般较低，特别是用大点的猎物喂雏时，往往每小时喂雏一次。从繁殖期的食

红隼
邢睿拍摄

中文名

红隼

拉丁学名

Falco tinnunculus

中国保护级别

Ⅱ

IUCN 保护级别

LC

谱上看，红隼最喜欢捕食鼠类，在鼠类密度低的年份（小年）转食小鸟和沙蜥等猎物，间或捕食个头大点的螽斯（蝈蝈）等昆虫。

奇怪的是，我们所观察的 9 个巢的红隼基本上孵化出 3 ～ 5 只幼鸟，可是亲鸟每次喂食的时候，总是把食物喂给站在洞口，叫得最欢的 1 ～ 2 只。洞内的幼鸟，却得不到食物，只有等洞口的鸟儿吃饱喝足，才去捡食一些食物残渣。我们观察 9 个巢的情况都是如此。一个月后，洞口的幼鸟身强体壮，而里面的幼鸟却骨瘦如柴，奄奄一息。悲剧还在继续，10 天后，有 2 个巢的幼鸟，竟然被强壮的那一只鸟吃掉了。从 3 月 4 日第一只红隼幼鸟破壳而出，到 3 月 29 日幼鸟全部离巢，红隼幼鸟滞留巢内时间仅为 25 天左右。多数巢只有 1 ～ 2 只幼鸟成活，仅有一个巢有 3 只幼鸟都活了下来。这里面固然有兄弟姐妹之间的食物竞争，可是亲鸟的态度令人寻味。都是自己的孩子，为何红隼的亲鸟，纵容强壮欺凌弱小，有所偏向呢？

实际上，在动物界，红隼的情况不是个例。我们之前观察的金雕也是这种情况，当食物紧张的时候，亲鸟喂食物的时候会有所倾向，它们往往把食物递给巢中长得最强壮的那一只。而弱小的几只被无情地抛弃，直到饿死、被吃掉。基因是自私的，从这个角度看，母亲对每个孩子都投入食物、时间、照料是不明智的，应该选择更能使它的基因生存下去的孩子进行投资。这便是亲代投资策略。这种投资在动物界很广泛，那些身体羸弱的幼儿，和强壮的兄弟姐妹相比，更耗费食物，而且存活下去的机会也更加渺茫，它从亲代（父母）获得的基因就不能延续下去，所以亲代为了延续物种的目的会对长得强壮或者更加吸引他们注意的孩子投以更多的资源，对那些羸弱的幼儿不加照顾，任其自生自灭，或者纵容兄弟姐妹把它吃掉。尤其是食物短缺，亲代不足以养活所有子女的时候，这种倾向更加明显。

KESTREL.
Falco tinnunculus, (*Linn.*)

中国上下5000年的文化中，对许多动物赋予了文化的内涵。一旦被人类赋予文化内涵，这些动物就会显赫一时。不过，随着时代的演绎，在文化传承的过程中，许多动物失去了原本的文化外衣，或者被后人赋予了新的内涵。代表恩爱的鸳鸯真的忠贞不渝吗？只有仙鹤代表长寿吗？喜鹊只是一种平凡的鸟吗？孔雀胆和鹤顶红有毒吗……在历史上，人类对动物的认识是一个动态的过程。

二

显赫一时

1

鸳鸯

曾经是兄弟的象征

北京动物园里有一群越冬的鸳鸯，它们三五成群，在冰面上嬉戏打闹。每次看到鸳鸯，我总是在想，为何它们能够成为爱情的象征，难道古人就没有发现鸳鸯的婚外情？后来查阅资料才明白，在历史文化的传承中，鸳鸯并非一直代表爱情。

先秦时期：鸳鸯代表吉祥

鸳鸯作为一种观赏性水鸟，在周朝时期就已经出现在文学作品中。《诗经·小雅·甫田之什》中就有一首诗——《鸳鸯》。

鸳鸯

鸳鸯于飞，毕之罗之，君子万年，福禄宜之。

鸳鸯在梁，戢其左翼，君子万年，宜其遐福。

乘马在厩，摧之秣之，君子万年，福禄艾之。

乘马在厩，秣之摧之，君子万年，福禄绥之。

《鸳鸯》这首诗表达什么呢？有两个版本的解读。

其一，以《毛诗序》为代表，认为《鸳鸯》“刺幽王也。思古明王交于万物有道，自奉养有节焉”，是讽刺周幽王的诗。

其二，认为《鸳鸯》是一首祝贺新婚的诗，以鸳鸯起兴，象征新婚夫妇像鸳鸯成双成对，永不分离，而秣马迎归，正是婚娶的描写，指新婚中的“迎娶”。

对于《毛诗序》的解读，我只能说想象力太丰富了。诗经讲究兴的写法，就是借助其他事物作为

雄鸳鸯

诗歌发端，以引起所要歌咏的内容。无论从哪个角度也看不出来鸳鸯和万物交于有道有何关系。对于祝贺新婚的解读，我倒觉得有几分道理。

遵循诗经的写法，我们就要回归到兴的主角——“鸳鸯”。诗经描述鸳鸯有以下两个场景。

其一，“鸳鸯于飞，毕之罗之”。

毕和罗最早出现于甲骨文。畢（毕）与禽在甲骨文中原为同一个字，后分化。甲骨文的毕字，上端像一张网，下端是个柄，形状像在田野捕捉鸟兽时用的一种长柄网。许慎在说文解字中有“畢，田罔也”的描述，意为田猎用的长柄网。罗的甲骨文，上方是网，下方是鸟，表示鸟落在网罩里；金文表示用手中的牵索控制网罩。《诗经·王风·兔爰》也有“有兔爰爰，雉离于罗”的描述，意为“野兔往来任逍遥，山鸡落网惨凄凄。”所以，毕之罗之就是指古人用网抓鸟。其实这是解读这首诗很重要的一个细节，但很多人忽视了。

为何要抓鸳鸯呢，并且还是用鸟网抓？

古人（包括现代人）抓捕野生动物，无外乎是为了吃肉、饲养、取其毛发。那么对于鸳鸯这种会飞的游禽而言，如果仅仅是吃肉或者取其羽毛的话，用弓箭猎杀，哪怕是用碎石击打，效率会更高。为何偏偏选用网去抓呢？原因只有一个，那就是要抓活的。

抓到之后呢？“君子万年，福禄宜之”。你看，前半句说抓鸳鸯，后半句就讲到君子的福禄。这说明鸳鸯在当时是一种吉祥的象征。如果不能信服的话，还有考古为证。湖北随州曾侯乙墓出土过战国早期的“彩绘乐舞图鸳鸯形漆盒”。漆盒一般是放首饰用的，选用的都是吉祥的图案或造型。这个“彩绘乐舞图鸳鸯形漆盒”是我国现存最早的将鸳鸯作为吉祥物的艺术品，这是当时的人们将鸳鸯看作吉祥的象征的佐证。

那么，鸳鸯为何会在湖北出现呢？从鸳鸯的分布看，湖北随州是鸳鸯的越冬区。鸳鸯越冬的时候有集群现象，当地人民是很容易发现的。

活捉鸳鸯可能是要作为吉祥物，那又和婚嫁有何关系呢？我们继续往下分析。

“鸳鸯在梁，戢其左翼”，用现代语言来讲，就是鸳鸯立起于水中的小岛上，喙部插在左翼。这是鸳鸯在一起休息的一个动作。由此，我们可以看出古人对于鸳鸯的行为描述是比较准确的。由此，联系到夫妻恩爱，也是合理的。

到此思路就清晰了，从第一个场景中抓捕鸳鸯，表示吉祥。到第二个场景，鸳鸯在一起休息，表示夫妻恩爱。我们可以大胆推断，抓捕的鸳鸯很有可能作为婚礼的陪嫁出现。直到现在，我国一些地方的婚礼依旧保留着用鸡作为迎娶吉祥物的传统。

西汉：鸳鸯是兄弟还是夫妻

到了汉朝，人们对于鸳鸯的认识更加深刻。

最早将鸳鸯比喻为夫妻的，应该是西汉人司马相如。他为追求卓文君，作《凤求凰 / 琴歌》二首，其中一首中有“有艳淑女在闺房，室迩人遐毒我肠。何缘交颈为鸳鸯，胡颉颃兮共翱翔”的诗句（见

桃花鸳鸯图

（清）华嵒

诗集《玉台新咏》）。在这首诗中，司马相如不仅把鸳鸯比作夫妻，还写得很具体。“交颈为鸳鸯”，尤其是“交颈”一词，描述得很形象，这恰恰是鸳鸯求偶时的动作。鸳鸯求偶的时候，雌雄鸳鸯会伸长脖子，进行互动。这说明当时的人已经对鸳鸯有了比较近距离的接触和观察。

紧接着开始有人饲养鸳鸯了。既然鸳鸯是吉祥鸟，那就抓过来养几只吧。

西汉名臣霍光就在自己家中的庭院里饲养鸳鸯。据记载：霍光园中凿大池，植五色睡莲，养鸳鸯三十六对，望之烂若披锦。我不清楚当时西汉是不是只有霍光一个人养鸳鸯。但是霍光是一个大官，权倾朝野。养鸳鸯，除了观赏外，或许能“福禄宜之”。

霍光饲养鸳鸯，还说明一个细节，西汉长安极有可能是鸳鸯的繁殖区。霍光饲养鸳鸯并且还种上莲花，肯定是夏季。如果鸳鸯不在这里繁殖，它是如何抓到，如何养活呢？不过，如果长安是鸳鸯的繁殖地，和现在的情况不符合。现在鸳鸯在东北地区繁殖，在长江中下游地区越冬，迁徙途经黄河流域。这里隐含一个客观条件，在两汉时期，中国经历了一个暖期，那个时期黄河中下游地区完全可能成为鸳鸯的繁殖区。

苏州拙政园西部的主厅“卅六鸳鸯馆”馆名即出自霍光饲养三十六对鸳鸯的典故。今天，各地动物园都喜欢饲养展出鸳鸯。与其他雁、鸭类一样，鸳鸯在人工饲养条件下很容易繁殖，只要为它提供稻谷、豆类、蔬菜等食物，在水边和水中安放产卵用的人工巢箱，它们就能顺利繁殖。

既然都已经饲养鸳鸯了，那么鸳鸯所象征的意义就应该没有争议了吧？可是问题出现在，饲养鸳鸯的霍光并没有进行关于鸳鸯的记载。唯一一个能说清真相的人沉默了。

随后，苏武提出了不同的意见。他认为鸳鸯是兄弟，不是夫妻。苏武在出使匈奴告别兄弟的诗中，首次将鸳鸯比作兄弟。诗中有“昔为鸳和鸯，今为参与辰”的句子。

《苏武诗四首·其一》

骨肉缘枝叶，结交亦相因。
四海皆兄弟，谁为行路人。
况我连枝树，与子同一身。
昔为鸳与鸯，今为参与辰。
昔者常相近，邈若胡与秦。
惟念当离别，恩情日以新。
鹿鸣思野草，可以喻嘉宾。
我有一罇酒，欲以赠远人。
愿子留斟酌，叙此平生亲。

说实话，相比于司马相如的细节描写，苏武的“昔为鸳与鸯”，要显得空洞得多，实在没有多少说服力。可能大家会有个困惑，司马相如在当时就已经是大才子了，并且还是前辈，苏武难道不参考下吗？实际情况是，《凤求凰 / 琴歌》是司马相如写给卓文君的情诗，并且写诗的时候他早已经搬到成都居住了。再加上苏武一生中大部分时间在塞外放羊，哪有闲情看司马相如的情诗啊。

魏晋：鸳鸯成为兄弟

到了魏晋时期，文人几乎一边倒，大家纷纷认可苏武的观点，说鸳鸯代表的就是兄弟。文人说的话比较多，这里面就有必要区分下第一手资料和引用的资料。所谓的第一手资料，就是作者亲身观察到的现象，有环境和细节为证。而引用的资料就是人云亦云了，别人说鸳鸯是兄弟，自己也跟着说。

魏人嵇康在《四言赠兄秀才入军诗》之一中，写道：“鸳鸯于飞，肃肃其羽。朝游高原，夕宿兰渚。邕邕和鸣，顾眄俦侣。俛仰慷慨，优游容与。”这首诗是用“鸳鸯”来比喻兄弟和睦友好的，就是难得的一手资料。

这里有必要对嵇康做一下介绍，他以前住在会稽上虞（今浙江省绍兴市上虞区），后迁到谯国的铚县（今安徽省淮北市濉溪县）。平日里嵇康喜欢游山玩水，想必野外考察经验比较丰富，对于鸟类应该有所了解。纵观嵇康一生的活动范围，浙江是鸳鸯的越冬区，安徽属于鸳鸯的迁徙路过区。另外，魏晋南北朝时期，中国东部处于一个冷期。嵇康描述的鸳鸯，很有可能是迁徙路过的鸳鸯，或者越冬区的鸳鸯。

同是鸳鸯，繁殖期和越冬期的，有何不一样呢？

差距是很大的。繁殖期的时候，雄鸳鸯求偶，经常和雌鸳鸯待在一起，高调秀恩爱。这个时期，人们看到的鸳鸯是夫妻。以此比喻夫妻的恩爱，是恰如其分的。但是，越冬区的鸳鸯就不同了。越冬或者迁徙停歇的时候，鸳鸯倾向于集群生活，而雄鸳鸯羽毛艳丽，辨识度高。所以，很多人会看到，雄鸳鸯们在一起。这个时候，说它们是兄弟，还有问题吗？我们无法还原真相，但可以最大限度地接近事实。因此，结合嵇康的生活轨迹和鸳鸯的分布，他看到的最有可能是越冬区或者迁徙路过的雄鸳鸯，把它们比作兄弟，是十分恰当的。

而嵇康作为文人，在当时很有影响力，是著名的“竹林七贤”之一。后期的文人们，很少有对鸳鸯进行细致描写的。例如：晋朝人郑丰作有《答陆士龙诗》四首，其中一首题名《鸳鸯》，序文中有“鸳鸯，美贤也；有贤者二人，

两只雄鸳鸯

中文名
鸳鸯
拉丁学名
Aix galericulata
中国保护级别
Ⅱ
IUCN 保护级别
LC

双飞东岳，扬辉上京”。这里的鸳鸯是比喻陆机、陆云两兄弟的。诗中没有对于鸳鸯细致的描写，完全是引用，也就是人云亦云。

唐朝：鸳鸯真正成为夫妻

到了唐朝，情况发生第二次逆转。鸳鸯由兄弟再次成为夫妻的象征。

“得成比目何辞死，愿作鸳鸯不羡仙。”唐朝诗人卢照邻在《长安古意》中把一对情侣的情切切意绵绵刻画得淋漓尽致。这句诗好归好，但是对于鸳鸯的细节没有交代。

此后，唐代又出现几个大诗人，我们挑选出那些有细节描写的资料。

唐朝李白有“七十紫鸳鸯，双双戏亭幽”的诗句。意思是他看到 70 只鸳鸯成双成对地在幽暗处嬉戏。如果是真的话，那李白很有可能看到的是越冬的鸳鸯，或者是迁徙前的鸳鸯集群。鉴于李白的诗词一贯有夸张的嫌疑，我们不采纳。

杜甫有“合昏尚知时，鸳鸯不独宿”的诗句，杜甫说得很对，鸳鸯确实不独宿。即便是繁殖期的时候，它们也会搭伙在一起休息，以防御天敌。

后期，杜牧有“尽日无人看微雨，鸳鸯相对浴红衣”，苏庠有“属玉双飞水满塘，菰蒲深处浴鸳鸯”“鸟语花香三月春，鸳鸯交颈双双飞”等。这很有可能是第一手资料。它们的细节描写和鸳鸯求偶非常相似，其中“相对浴红衣”“浴鸳鸯”“鸳鸯交颈双双飞”在鸳鸯求偶交配的时候，都有体现。

鸳鸯进入交配阶段，雌雄鸳鸯亲密而快乐地在水中并肩游来游去。雄鸳鸯向雌鸳鸯频频点头，耸立起头部的羽冠，显示自己的美丽羽色，然后伸长脖子，频频摇头，不停梳理羽毛。取得“情侣”的欢心后，两只鸟并肩缓慢地游上一段距离，雌鸟会突然急速向前游动，雄鸟紧紧追随，猛然跃到雌鸟背上，用嘴紧紧衔住雌鸟头部的羽毛，进行交配。

把鸳鸯比作夫妻，还写得那么惟妙惟肖，这绝不是凭空想象，我相信肯定有人见过鸳鸯求偶的场景，否则不能瞎掰吧？

唐朝是中国文化繁荣昌盛的时期，文人墨客一批又一批。其中有些就有点夸张了，用现代话说叫吹牛。且看：

孟郊有“梧桐相持老，鸳鸯会双死”，我可以明确地说，鸳鸯一方死后，另一方并不会独居甚至悲伤殉情，它们比孟郊想象中更乐观、坚强，或者说无情。野外观察表明，鸳鸯一旦失去配偶，不久就会忘记旧情，另寻新欢。

鉴于唐朝的文化繁盛，影响力极广，又有几位大文豪李白、杜甫给鸳鸯站台，说它们代表夫妻，是爱情的象征。此后的文人，再也没有人提出异议。就这样，鸳鸯作为爱情的象征在唐朝真正确定下来。从此，“鸳鸯”成为相亲相爱、白头偕老的表率，成了人们心目中永恒爱情的象征。

后期出土的一系列有关鸳鸯的艺术作品，就是一个很好的证明。陕西省博物馆珍藏的一对唐代鸳鸯莲瓣纹金碗，外底有一只回首展翅、飞翔于花丛之中的鸳鸯，流光溢彩，富丽堂皇；上海博物馆珍藏的元代张中的《芙蓉鸳鸯图》，图中描绘着水边的一丛木芙蓉下，一对鸳鸯正在河水中戏水，雄鸟低首弄波，羽毛蓬松，短尾微翘，雌鸟伸颈仰首鸣叫，羽毛光滑，呈现出一派和谐自然的场景；广东肇庆历史博物馆所藏的明代宝月荷花砚，砚池中刻有一对鸳鸯和一只螃蟹，活灵活现，洋溢着浓郁的生活情趣。这些精美的艺术作品，都是人们用鸳鸯来比喻夫妻的最华美的实物佐证。

还有清朝流传甚广的鸳鸯戏水，在现实中也是有参考依据的。已经配对的鸳鸯刚迁到繁殖地时还处于热恋时期，总是出双入对，形影不离。在水中嬉戏、追逐或并肩畅游，不时发出“咕～咕～咕～”的低沉叫声，雌、雄鸳鸯亲密而快乐地在水中并肩游来游去。雄鸳鸯向雌鸳鸯频频点头，大口、大口地快速吸水。鸳鸯戏水由此而来。

现实中的鸳鸯无法代表爱情

现实中的鸳鸯为雁形目鸭科鸳鸯属的鸟类，除拥有独特的中文名字外，还拥有霸气的英文名 Mandarin duck，意为中国官鸭。目前鸳鸯为国家二级重点保护动物。

鸳鸯雌、雄鸟颜色各不相同，尤其是繁殖季节，美艳的雄鸟与素雅的雌鸟形成鲜明的对比。如果对它们的外表不甚了解，完全有可能不把雌鸟当成鸳鸯。雄性鸳鸯被公认为鸭类中最美丽的种类。繁殖期间的雄性鸳鸯，羽色异常鲜艳华丽，头部具闪耀的红、绿、紫、白等色的羽冠，色彩和谐而又华丽。翅膀上生出一对栗黄色的扇状直立羽，直立如帆，在鸟类中独树一帜。与雄鸳鸯相比，雌鸳鸯就大为逊色，不仅个体略小，羽色也以褐色为主，平淡无奇。

中国境内的鸳鸯，在东北地区繁殖，在长江中下游地区越冬，迁徙的时候途径黄河中下游地区。鸳鸯每年 4 月下旬～ 5 月上旬迁徙到东北地区，一般 3 ～ 5 只在一起取食戏水，随着繁殖期临近，开始成对活动。

夏天是鸳鸯的繁殖季节，雄鸟漂亮的外表能引起雌鸟的注意。别的鸟儿求偶的时候，都很难看到。鸳鸯这么高调的交配，想让人不发现都困难。这就是为何古代文人把鸳鸯作为爱

雌雄鸳鸯
外形差异很大

情象征的一个重要原因。只不过，我们只看到鸳鸯们人前炫耀恩爱,没看见它们人后的辛酸。

鸳鸯属于树鸭类，除了在水中活动外，在树上也能行动自如。其繁殖习性也独树一帜，与其他水禽不同。它们喜将巢筑于高大的树上，利用天然树洞或其他动物留下来的树洞作为巢。筑巢由雌鸟独自承担，巢为浅杯状，巢材简单，由一些枯树枝、树叶、绒草及雌鸟从自己身上拔下的羽毛组成。

这仅仅是开始。孵卵是在产卵结束后开始的，也全部由雌性承担。孵卵期约为 28 ～ 30 天。鸳鸯属早成鸟，孵出后即全身长满羽毛，眼已睁开，并能行动，一般在巢中停留 1 ～ 2 天后出巢。出巢后随亲鸟开始觅食、游泳和潜水。

不过，雌鸟的辛苦付出，文人墨客是看不见的。还有，繁殖期间，雄鸳鸯经常搞婚外情，这些只有分子生物学的手段才能发现。所以我们不能以现代动物学家的标准，去要求古代的文人。在它们眼中看到的，雌雄鸳鸯高调秀恩爱，成双成对出现，那就是爱情的象征，有什么错呢？

2

斑鸠

长者的象征

一鸟
一世界
鸟国
奇趣
之旅

To see a world in a wild bird

大多数人对于斑鸠并不陌生，它们分布在中国大部分地区。小时候，我家庭院的槐树上就有一对斑鸠在上面筑巢。那时候，只知道斑鸠是一种类似鸽子的鸟，其他的完全不了解。

后来才了解到斑鸠作为一种常见鸟类，在中国文化中“曝光率”极高。可是真正“认识”它的人却并不多。庄子《逍遥游》中有蜩和斑鸠嘲笑大鹏的句子：“蜩（tiáo）与学鸠笑之曰：‘我决起而飞，枪榆枋而止，时则不至，而控于地而已矣，奚以之九万里而南为？’”在这里，庄子描写了见识短浅、自鸣得意的蝉和斑鸠通过形象地描述自己在林中飞行和休息的样子，毫无自知之明地对经过一系列的准备才能“图南”的大鹏进行奚落和嘲讽。通过庄子对斑鸠飞行的描写可以看出，在庄子眼中，蝉和斑鸠的飞行能力一般——“一下子起飞，碰到榆树、檀树之类的树木就停下来，有时飞不上去，落在地上就是了。”不过这里，将斑鸠的飞行能力与蝉相

桃鸠图
北宋　宋徽宗赵佶

提并论，有点过于贬低斑鸠了，它的飞行能力虽然比不了传说中的“鹏”，但是比蜩（蝉）绰绰有余。

提起斑鸠，可能有人会想到诗经中的《关雎》：“关关雎鸠，在河之洲”，不少人误以为这里的“鸠”就是斑鸠。这其实是张冠李戴，此处的鸠是一种叫作鹗（鱼鹰）的猛禽。另外，《诗经·召南·鹊巢》中也提到：“维鹊有巢，维鸠居之。”这里的鸠也不是指斑鸠，而是指俗称布谷鸟的一种杜鹃，学名大杜鹃，古称鸤鸠。现实中斑鸠虽然不是筑巢大师，但是人家也是自己“动手”，无需抢其他鸟的巢。

不过诗经中倒也有几处真正描写斑鸠，《国风·卫风·氓》中有名句：“桑之未落，其叶沃若。于嗟鸠兮，无食桑葚”。此句形象地描写了斑鸠吃桑葚的场景。这里的描述是非常准确的，斑鸠是一种杂食性鸟类，它们的食物包含各种植物的果实，过去常见的桑葚，自然也在其食谱里。不过，此句不仅仅是描写斑鸠觅食的场景，古人认为斑鸠吃多了熟透的桑葚就会醉倒，所以在本诗中借斑鸠吃桑葚来比喻女子过度沉迷于爱情就会神魂颠倒、迷失自我。细读全诗，我们可以深刻地感受到女主人公内心的辛酸与苦楚、沉痛与反思。而斑鸠在古代也是一种象征爱情的鸟类。

斑鸠除了作为爱情的象征外，它还有一个文化寓意——代表长寿，这可能就鲜为人知了。

鸠雀先春图
清　周禧

在先秦时期，斑鸠是长者地位的象征。到了汉代，皇帝会赐给长寿老人“鸠杖”，象征一种荣耀。所谓的鸠杖就是一根拐杖，扶手处刻有斑鸠的形状。在古人眼中鸠为不噎之鸟，消化能力极强，而刻鸠形于杖头，是希望老人能够吃饭不噎，健康长寿。《后汉书·礼仪志》中有明确记载：“玉仗，长（九）尺，端以鸠鸟为饰。鸠者不噎之鸟也，欲老人不噎。”在汉代，拄拐杖是有法律规定的。据史书记载，老人满70岁以后，国家将赠良玉刻成的鸠杖。从此，鸠杖演变为皇家敬老的标志。《后汉书·礼仪志》记载：“仲秋之月，县道皆案户比民。年始七十者，授之以王杖，餔之糜粥。八十九十，礼有加赐。王杖长九尺，端以鸠鸟为饰”。那个年代，人到七十古来稀，老者是受到尊敬的，而鸠杖成为老人的一种特权的凭证，这可比今天的老年证管用得多。那个时期，老人持有御赐的鸠杖，进官府衙门无须下跪，做买卖不用交税，路人见了也要让道，可谓威风八面。这种风俗一直延续到了明清。清乾隆皇帝八旬寿诞时，有大臣给乾隆皇帝的寿联也用此典：“鸠杖作朋春宴饫，莺衣呈舞嘏词新”。民间给老人做寿时，常有“坐看溪云忘岁月，笑扶鸠杖话桑麻”的寿联。

斑鸠是否真的如古人所描述的那样，消化能力极强，是不噎之鸟？现代的科学研究从一定程度上证实了古人的说法。动物学家对珠颈斑鸠的研究表明，它的十二指肠壁内比同样食性的鸟类拥有更多的杯状细胞、肥大细胞和嗜银细胞。这些细胞是干什么用的呢，和消化有何关联呢？肠道内的杯状细胞主要分泌黏蛋白，与水和无机盐等共同形成覆盖于肠内表面的黏液层，对肠上皮具有润滑和保护作用，在机体消化与黏膜免疫方面具有重要作用；肥大细胞是动物机体内一种广泛存在的重要免疫细胞，不仅可阻止肠内容物中的病原微生物侵入机体，也可抵抗摄入体内食物中的毒素，起到保护机体的作用；嗜银细胞可分泌多种激素，主要通过内分泌或外分泌方式，对消化吸收和摄食行为进行调控，也对消化道黏膜有重要的保护作用。综上所述，珠颈斑鸠体内的这些细胞构成了一个较为完善的黏膜防护屏障，抚育了珠颈斑鸠极强的消化能力。由此观之，不禁感叹古人的先见之明。

中国的斑鸠

斑鸠很常见，现实中可能绝大多数人都见过，可是依旧少有人“认识”。现实中的斑鸠为鸟纲鸽形目鸠鸽科斑鸠属的鸟类的统称，除拉丁美洲及个别地区如伊里安岛等未见有分布外，广布世界其他地区。中国比较常见的有珠颈斑鸠、山斑鸠、灰斑鸠、火斑鸠、棕斑鸠、欧斑鸠。

珠颈斑鸠是中国东部、南部地区最常见的

珠颈斑鸠

中文名

珠颈斑鸠

拉丁学名

Spilopelia chinensis

中国保护级别

三有

IUCN 保护级别

LC

一种斑鸠，从体型上看，它和家鸽差不多大，不过比家鸽“苗条”。珠颈斑鸠拥有深褐色的飞羽、粉红色的腹羽和红色的双脚，搭配相得益彰，如同穿着灰粉色上衣、红色高跟鞋的“少女”。珠颈斑鸠身上最引人注目的莫过于颈部黑色的绒羽上密布着白色的斑点，像一串珍珠项链，它也由此得名。不过年幼的珠颈斑鸠颈部没有这种“珍珠项链”，那是成鸟的“专利”。

山斑鸠在中国的分布，北自黑龙江，南至海南岛、香港和台湾，西至新疆、西藏，遍及全国各地。山斑鸠非常容易和珠颈斑鸠混淆，它们在中国的分布区存在很大部分的重叠。更为关键的是，这两种斑鸠长得实在太像了。珠颈斑鸠区别于其他斑鸠（除山斑鸠外）的最明显的特征是脖子上的“珍珠项链”，而山斑鸠颈部的斑纹黑白相间形成四条线，远处看和珠颈斑鸠的“珍珠项链”非常接近。

灰斑鸠俗称灰鸽子，身上最明显的特征为后颈具黑白色半领圈。灰斑鸠的叫声是“咕咕——咕”，第二声较重，并重复多次。因为它的叫声听起来像是希腊语的 decaocto（十八），因此其拉丁学名为 *Streptopelia decaocto*。在鸟类中，灰斑鸠是一位成功的“入侵者”。灰斑鸠原本分布于暖温带的欧洲部分地区、中亚、中国和缅甸，是一种留鸟。1953 年灰斑鸠首次到达大不列颠岛，1956 年在英国大量繁殖，1970 年代灰斑鸠跨越大洋，被人类成功引入巴哈马，1982 年传播到美国佛罗里达州。如今这种鸟在北美的聚集地是墨西哥湾沿岸，南至墨西哥韦拉克鲁斯州，西至加利福尼亚州，北至加拿大不列颠哥伦比亚省和五大湖。

火斑鸠又称红鸠、红斑鸠、火鸪鹪。栖息于开阔田野以及村庄附近。在中国的斑鸠中，火斑鸠体型偏小，成年火斑鸠体长约 23 厘米，成年雄鸟额、头顶至后颈为青灰色，颈后有黑色颈环。背、肩、翅上覆羽和三级飞羽葡萄红色，腰、尾上覆羽和中央尾羽暗蓝灰色，其余尾羽灰黑色，具宽阔的白色端斑。分布于南亚、东南亚以及中国大陆自华北以南的各地，西抵四川、西藏、长江以北等地。

棕斑鸠又称蓝肩斑鸠，其头部和颈部呈淡红色，颈部具带黑色斑点的褐色颈带，外侧尾羽羽端白，具独特的蓝灰色翼斑。在中国境内主要分布在新疆地区。

欧斑鸠是一种体型略小的粉褐色斑鸠，颈侧具多黑白色细纹的斑块，翼覆羽深褐色，具浅棕褐色鳞状斑。中国境内主要分布在新疆、青海、甘肃等地。

喜鹊属于雀形目鸦科鹊属，是日常生活中常见的一种鸟类。喜鹊自古以来被人们认为是吉祥的象征，山东至今流传着“喜鹊叫喳喳，喜事到我家”的民谣，在中国文化中喜鹊是“喜庆”的象征。

早在中国原始社会时期，人们就对喜鹊有所认知。青海省海东市乐都区出土的柳湾文化时期的彩陶罐上，就有喜鹊图案，这说明喜鹊文化起源于原始社会时期的青海高原。在这件红色彩陶罐的颈部绘有四只对称的黑色喜鹊图案。该图案线条清晰，虽属简笔画，但充分表现出了喜鹊的神韵。而对于原始先民们而言，一件陶罐可能就是人生中最重要、最珍贵的器具。在如此珍贵的器具上绘制喜鹊图案，说明喜鹊在他们的生活中占有十分重要的地位。

喜鹊在中国文化中有着诸多的象征意义，流传最广的是喜鹊代表喜庆。撰于春秋时期的《禽经》中对喜鹊有这样的记载：“仰鸣则晴，俯鸣则雨，人闻其声则喜。”意思是那时的人们认为喜鹊能预报天气，很有灵性能报喜，是人人都喜爱的鸟。喜鹊更是引起无数文人墨客的雅兴，使他们创作出许多赞美喜鹊的诗句。唐代李白的《经乱离后天恩流夜郎忆旧游书怀赠江夏韦太守良宰》中说：“五色云间鹊，飞鸣天上来。传闻赦书至，却放夜郎回。”这是李白参与永王璘反叛被流放夜郎，被赦免后滞留江夏（今武汉）时写作的一首诗。这里喜鹊传信，就是指使者飞书，宣布李白被赦免的喜事。韩愈、李正封的《晚秋郾城夜会联句》中有：“室妇叹鸣鹳，

3

喜鹊
公侯的象征

喜鹊

家人祝喜鹊”的诗句。王建的《祝鹊》写道：“神鹊神鹊好言语，行人早回多利赂。”五代王仁裕在《开元天宝遗事·灵鹊报喜》中说：“时人之家，闻鹊声，皆为喜兆，故谓灵鹊报喜。”在这些诗文中，喜鹊都是吉祥、喜庆的象征。唐代皮日休的《喜鹊》中有诗句：“弃膻在庭际，双鹊来摇尾。欲啄怕人惊，喜语晴光里。何况佞幸人，微禽解如此。”反映出人们以喜鹊为喜兆，以此占卜亲友的到来、未来的前途、丈夫的归来。除了这些大诗人外，各地民间的风俗习惯、绘画、对联、剪纸、小说、散文、诗词以及歌曲、影视、戏曲等方面都有喜鹊文化的一席之地。在广大农村，喜庆婚礼时最乐于用“喜鹊登枝头”的剪纸来装饰新房，以喻示新人节节向上、出人头地。而在绘画中，“鹊登高枝”“鹊登枝头”“喜上梅梢”又是常见的题材，为古今丹青之人所钟爱。

喜鹊代表相思，也是流传较广的喜鹊文化。先秦时期，在牛郎织女的神话故事中，喜鹊被牛郎织女的爱情所感动，每年七夕搭建起跨越天河的鹊桥供二人相聚，使有情人得以相会。据《白孔六帖》记载，旧传汉代刘向的《淮南子》中有“乌鹊填河成桥而渡织女”的语句，讲的就是牛郎织女鹊桥相会的典故。因为这个传说，银河也被称为“鹊河”，如《全宋词·鹧鸪天》中有：“织女初秋渡鹊河，逾旬蟾苑聘嫦娥”的诗句。而因为牛郎织女鹊桥相会的爱情故事，中国的“情人节”，也被定在了农历七月初七。

喜鹊还是公侯地位的象征，只不过现在不怎么常用。古代有“鹊印”象征身份。晋代干宝在《搜神记》中记载：汉代的张颢击破山鹊化成的圆石，得到颗金印，上面刻着“忠孝侯印”四个字，张颢把它献给皇帝，“藏之秘府”，后来张颢官至太尉。从此，“鹊印”就用来借指公侯之位了。唐代岑参《献封大夫破播仙凯歌》之三说：“鸣笳叠鼓拥回军，破国平蕃昔未闻。丈夫鹊印摇边月，大将龙旗掣海云。”明代徐渭《边词》之十九也说：“手把龙韬何用读，臂悬鹊印自然垂。”陈汝元的《金莲记·偕计》中说：“李广难封，岂忘情于鹊印；冯唐虽老，尚属意于龙头。”这些诗句中的“鹊印”都借指公侯之位。

鸟红是非多，喜鹊声名在外，诽谤之事也在所难免。民间有“花喜鹊、尾巴长，娶了媳妇忘记了娘”的民谣。其实这与喜鹊的特点没有关系，在动物的世界中，绝大多数都是亲代对子代的投资，很少出现子代对亲代的回馈。当然，如果非要说有关系，也确实有，因为喜鹊喜欢“翘尾巴”，它从某处飞过来，落到枝上，往往都会翘一下尾巴以保持平衡。没事在枝上待着的时候，也经常要用尾巴来协调身体，因此，“翘尾巴”这个动作，就又用来形容一个人骄傲自满了。

喜鹊在汉代叫干鹊，《本草纲目》说喜鹊“性最恶湿，故谓之干”。其实这种说法是不科学的，喜鹊非常爱清洁自己的羽毛，经常进行各种洗浴。喜鹊洗澡，非常讲究，临近水边，它叉开双腿，头颈迅速插入水中，再迅速抬起。随即，嘴浸入水中左右搅水，腹部浸入水中向前推，再迅速抬起。之后，翅展开，浸入水中剧烈地拍水。尾击水，尾展开，浸入水中拍水。冬季的时候，喜鹊还会进行雪浴，这种动作的模式和洗澡的模式完全相同。有些地方，它们

雪中的喜鹊

中文名
喜鹊
拉丁学名
Pica pica
中国保护级别
三有
IUCN 保护级别
LC

还会进行沙浴，与水浴和雪浴的动作模式相同。此外，喜鹊还要进行日光浴，它朝阳坐于枝上，胸腹充分地接受阳光。夏天，卧在晒热的地面，或站立于枝上将双翅展开去充分接受日光。

喜鹊是一种杂食性鸟类，夏季主要以昆虫等动物性食物为食，如蝗虫、甲虫、松毛虫等及其幼虫；其他季节则主要以乔灌木的果实和种子为食，也吃黄豆、小麦等农作物。但很少有人知道喜鹊还吃一些动物的尸体，会捕猎小型动物。喜鹊有时能成功地捕捉到小型鸟类。鸟类学家罗尔夫（R. L. Rolfe）曾经观察并描述过喜鹊捕猎麻雀的情形：西班牙北部有一大片芦苇沼泽地区，在这个地区共有250多只喜鹊和1200多只麻雀。一天日落之前的一个小时左右，罗尔夫看到大部分麻雀已飞入芦苇丛中栖息，突然有6只喜鹊闪电般飞进芦苇丛，大群的麻雀“哗”的一声从芦苇丛中惊起，混乱中喜鹊捉到了一只麻雀。据罗尔夫观察，在最多时，有60多只喜鹊同时捕猎。

有些时候，喜鹊还会抢夺别人的猎物，顾孝连等在《喜鹊行为趣事》一文中描述过这样一个场景：在大庆市的一个技校里，他们观察到喜鹊抢夺红隼猎物的一幕，当一只红隼飞临操场上空寻食时，被一群喜鹊发现，它们一改往日的习惯，并没有上前追击或骚扰，仅仅互相叽叽喳喳地通报消息，随后几只喜鹊悄悄地在附近观望，却表现出一副漫不经心的样子。当红隼悬停在猎物上空时，它们开始悄悄接近。突然，红隼俯冲下来，捕获一只小家鼠。说时迟那时快，红隼正要享用时，几只喜鹊一哄而上。红隼一时没有反应过来，在躲闪中不慎被一只喜鹊抢走了猎获物。不管怎么说，红隼也是一种中小型猛禽，是可忍孰不可忍，气急之下的红隼回头追赶那只喜鹊。如果单挑的话，喜鹊肯定不是红隼的对手。可是，人家不玩单挑，玩的是群殴。其他喜鹊在后面尾随追打红隼，前面的喜鹊不慌不忙地落在一棵云杉树下。红隼俯冲过来，那只喜鹊一转身，躲到树干后面。红隼再次反方向俯冲过来，喜鹊又躲到树干的另一面。我们知道，俯冲攻击，对于猛禽而言是极为消耗体力的，而喜鹊似乎要的就是这个效果，经过一番折腾，疲惫的红隼悻悻离去，喜鹊开始享用抢来的美食。

4

孔雀

孔雀胆是无毒的

很少有一种鸟能够像孔雀一样，在不同的文化中都有着积极美好的象征意义。在希腊神话中，孔雀象征赫拉女神；在印度神话中，女神萨罗斯瓦蒂就骑在孔雀上，而因陀罗坐在孔雀宝座上；在中东，蛇是魔鬼的化身，而蛇的天敌——孔雀就象征着上帝的使者；在佛教里，由于孔雀的尾巴上有“100只眼睛”，因而孔雀便成为富有同情心的观察者的象征；在基督教中，孔雀的“眼睛”象征无所不知的神；在中国和日本，孔雀被视为优美和才华的体现。

我没有在野外见过孔雀，所见的都是动物园里饲养的蓝孔雀。每一次看到孔雀都会想起武侠小说中，令人闻风丧胆的孔雀胆。据描述，此物十分歹毒，可令人七窍流血、肌肉溃烂！孔雀如此美丽，为何大名鼎鼎的“孔雀胆”在民间各种演义中，被称为剧毒之药呢？

关于“孔雀胆”的传闻有很多。其一，这种毒药需从山南特产的白孔雀的胆汁中提炼，再辅以世上七种剧毒之物制成。其二，孔雀好食毒物，食多了，毒素存在胆内，所以将孔雀胆放在酒中给人喝了就能毒死人。

据《冀越集记》记载：“孔雀虽有雌雄，将乳时登木哀鸣，蛇至即交，故其血、胆犹伤人”。其实这是古人观察有误。孔雀生存的地方确实可以遇见不少蛇。当孔雀和蛇遭遇的时候，孔雀为了防卫会将尾羽打开，瞬间开屏，这样可以显得自己更为雄伟庞大，这是很多鸟类遇到危险时采取的惯用伎

蓝孔雀

俩。然而，孔雀开屏也是繁殖期雄鸟求偶的象征，因此古人以为孔雀遇见蛇开屏是想要和蛇交配，继而认为孔雀的血和胆都有毒。

明代杨慎在《滇载记》中讲了一个有关孔雀胆的哀婉动人的爱情故事。元末，红巾起义，大理第九代总管段功，出兵帮助梁王击退义军，梁王为表示感激，将其女儿阿盖公主许配给段功。后梁王听信谗言，对段功产生疑忌，下决心除掉段功，于是密诏阿盖公主说："亲莫若父母，宝莫若社稷。功今志不灭我不已，脱无彼，犹有他平章，不失富贵也。今付汝以孔雀胆一具，乘便可毒殪之。"意思是希望阿盖公主用孔雀胆毒死段功。阿盖公主深爱丈夫，不愿接受命令，但段功还是没有摆脱被梁王杀害的命运，阿盖公主也随之自杀殉情。在这个故事中，孔雀胆成为名副其实的毒药。郭沫若先

蓝孔雀

生据此故事改编成话剧《孔雀胆》。

现实中孔雀是鸡形目雉科孔雀属的鸟类，分为蓝孔雀和绿孔雀，中国本地种为绿孔雀，蓝孔雀是外来引入种。蓝孔雀分布于印度和斯里兰卡，绿孔雀曾经分布在我国两广和四川、云南境内，现在仅见于云南西南部和南部。

孔雀是杂食性动物，主要采集一些植物的种子、花、果实，也会捕捉一些小的昆虫。而它根本不会取食有毒的虫子。此外，国际上公认的孔雀品种只有蓝孔雀和绿孔雀，现今的动物园中常见的白孔雀一般指人工繁育下野生蓝孔雀的变异品种（扇状冠羽），由于蓝孔雀属于外来种，因而古代所说的白孔雀应该不是指现在常见的白孔雀。其实我国本土的绿孔雀也是有白化变种的，古代绘画中曾出现过白化绿孔雀的形象。只是由于在生物学上白化变种的变异率极低，而目前绿孔雀已属全球性濒危物种，数量很少，因此在自然界中就很难找到白色绿孔雀了。但在古代，绿孔雀曾经数量繁多，是可能出现白化的绿孔雀的。

但即便是白孔雀，本也无毒，不可能取其胆而制成毒药。一般而言，动物胆汁中的胆酸可能有毒。然而，孔雀胆汁中主要含有胆酸、胆盐、胆色素，而鹅去氧胆酸是胆汁成分中的一种主要胆酸，它不仅没有毒，还可以入药，具有溶解胆固醇、胆囊结石及祛痰镇咳功能，目前临床用以治疗胆囊胆固醇结石及支气管炎，从未见中毒事件发生。倒是时有报道生吞青鱼胆中毒事件。其原因可能与青鱼胆汁中的某些胆盐有破坏人体细胞膜的作用有关。

实际上，孔雀的胆并没有毒，孔雀胆不过是一种挂名的毒药罢了。传说中的孔雀胆，其实是一种昆虫——南方大斑蝥，其体内含有斑蝥素，对黏膜、肝、肾及神经系统都会造成极大的损害。《本草经疏》中有记载："斑蝥，近人肌肉则溃烂，毒可知矣。"大斑蝥和孔雀的产区重合，并且从外形上看，去除足翅后的斑蝥，极似孔雀的胆囊，可能由此得"孔雀胆"之名。

"越鸟青春好颜色，晴轩入户看咕衣。一身金翠画不得，万里山川来者稀。"这是唐人李郢描述孔雀的诗句。在国人眼中，孔雀是美丽的象征，孔雀的造型通过瓷器、雕刻、织绣、绘画等途径，在国人心中早已家喻户晓。在中国传统文化中，孔雀被认为是拥有九德的吉祥鸟，尤其是孔雀尾羽纹饰美丽，开屏时"纹饰明显"，和"文明"谐音，故孔雀开屏则寓意"天下文明"，表示出人们对盛世的向往。

孔雀中，绿孔雀为中国本地物种，古人早已对其深有研究。如今，绿孔雀在中国极度濒危，为国家一级保护动物，2017 年 5 月被列为极危物种，据估计数量不足 500 只。而在古代，绿孔雀的数量却非常多。据《南方异物志》记载："孔雀，交趾、雷、罗诸州甚多，生高山乔木之上。大如雁，高三四尺，不减于鹤。细颈隆背，头戴三毛长寸许。数十群飞，栖游冈陵。晨则鸣声相和，其声曰都护。"由"甚多"二字可以了解到当时绿孔雀数量是极多的。

最美莫过于"孔雀开屏"了。开屏其实是绿孔雀的炫耀行为，以此来吸引雌孔雀。在发情期，雄孔雀会选择一块开阔地区进行表演。这是绿孔雀的一种策略，因为开阔地区更容易被雌孔雀发现，在获得更大舞蹈空间的同时，也容易发现干扰和天敌。有意思的是，不仅成年的雄孔雀会在开阔地区跳舞，亚成年雄孔雀也会这样做，但是它们的目的不是吸引异性，而是为了学习舞蹈。

在跳舞的过程中，如果雌孔雀接近雄孔雀，雄孔雀便会打开所有的羽毛，也就是"开屏"了。雄孔雀在开屏的时候，会提起整个婚羽并展开，由尾羽支撑，形成一个巨大的扇形，上面布满金属绿色和紫色，羽毛形成蓝色的眼圈和绿色的边缘。此时，如果雌孔雀从前面靠近雄孔雀，雄孔雀的婚羽就会在几分钟内振动，并伴有

PAVO CRISTATUS

像拨浪鼓一样的声音“……sssseerrr，……sssseerrr，sssseerrr……”。为了吸引雌孔雀，雄孔雀有时会突然转身将尾巴展示给雌孔雀，随后又与其面对面，振动着巨大的婚羽。

如果雌孔雀同意，便会蹲伏身体，由雄孔雀顺势骑到它的背上进行交配。但如果雌孔雀对雄孔雀的舞蹈不感兴趣，就会继续先前的活动，比如觅食、喝水，或者移动到其他地方。而此刻，雄孔雀也会停止舞蹈。

在繁殖期，雄性绿孔雀间会经常上演打斗场面，它们之间的安全距离从 1 米至 100 米不等。当两只实力相当的绿孔雀彼此走近的时候，它们会跳起来打斗，直到一方获胜，打斗才终止。有时候战斗结束了，获胜的一方还会去追逐失败者。对于雄孔雀是否会占领对方的领域还不得而知，但成年雄孔雀会彼此保持一个清晰的距离，尤其在繁殖期的时候，这个距离是非常明确的。

关于幼孔雀的成长过程，清代的刘世馨在《粤屑》一书中有所描述：钦州一带的人民多饲养孔雀。可是怎样找小孔雀呢？办法就是到深山中去寻找孔雀蛋，带回后借由母鸡孵化，一般经过 48 天（孔雀实际孵化期为 26 ～ 28 天），小孔雀就破壳而出了。对于初出壳的小孔雀，开始饲以蚂蚁卵，3 天后，便可像一般小鸡一样饲养。随着成长，小孔雀的头上会慢慢长出翎冠。此外，书里还写道，钦州一带有的人家饲养孔雀几十只，当成群的孔雀在空中飞翔时，可谓是“光彩夺目”。

古代对于孔雀的认识还仅仅停留在演绎和感官的描述上，直到现代，人们对绿孔雀才有了科学的认识。1996 年发表的《春季绿孔雀的栖息地及行为活动的初步观察》一文中，中国鸟类学家杨晓君等人在云南省景东县对春季绿孔雀的栖息地和行为活动进行了初步观察，并得到下述发现：绿孔雀的栖息地类型有季风常绿阔叶林、思茅松林、针阔混交林、稀树灌丛、荒地灌草丛、农田等；绿孔雀主要选择乔木林、离水源和人为活动区较近的、光照条件好、植被分为 5 层和土壤干燥的生境类型活动，其中农田是其最主要的觅食场所；绿孔雀春季的活动范围较小，仅有 0.3 ～ 0.6 平方公里；绿孔雀的行为活动具有上午和傍晚两个较明显的高峰，觅食行为大约占各行为活动时间的一半；绿孔雀的鸣叫频次具有明显的日节律性，主要出现在 7：00 ～ 10：00 和 19：00，最高峰在 9：00 ～ 10：00。

绿孔雀的食物多种多样，如果是地面上的草叶或者散落的果实，它们会直接低下头啄食；如果是比它们高的花或者种子，它们会跳起来啄食；如果是蚱蜢，它们则会跑来跑去，甚至也跳跃起来。通常情况下，绿孔雀在一天中有

蓝孔雀
图片来自美国动物学家
Daniel Giraud Elliot 的《野鸡雉科图鉴》

早晨和下午两个取食高峰。早晨从休息地起来后，它们直接到觅食区取食 3 ～ 4 小时，饱餐过后的它们又会走到有遮蔽的地区休息，等到下午再出来觅食 4 ～ 5 小时。

在去觅食地的途中，通常会有一只孔雀充当首领走在群体的最前面。如果觅食的地方过热，绿孔雀会先到附近荫蔽的地方乘凉，或者回去休息等到下午再出来觅食。如果来到一片开阔的觅食地，它们则会先停下身来，直起脖子，左右转动头部，以观察周围是否安全，然后才开始觅食。这是它们应对天敌的策略。

除了觅食，饮水也是绿孔雀每天要做的事情之一。通常情况下，它们会在 6：00 ～ 11：00 和 13：00 ～ 17：00 喝水。有时是单个个体去，有时则结群一起去。如果是一群，首领孔雀便会走在前面，带领大家寻找水源地。在喝水时，绿孔雀身体站立，头部接近水面，将喙伸进水中吸吮，几秒后抬起头，脖子呈“S”形，将水吞咽。之后，它便停下来观察周围片刻，再继续喝水，不断重复这样的动作，直至离开。

绿孔雀之所以选择在早晨和下午进行觅食、饮水，最主要的原因是为了避免日晒，因此中间的空余时间它们便隐蔽起来或者休息。绿孔雀会到觅食点附近的茂密树林中栖息，并且是能避免被干扰的地方。如果上树，它们会选择 4 ～ 9 米高的大树，同样先是在树枝上站一会儿，在确保安全后，再卧下。隐蔽或休息的同时，它们还会整理羽毛。

绿孔雀

图片来自美国动物学家

Daniel Giraud Elliot 的《野鸡雉科图鉴》

PAVO MUTICUS.

玉堂富贵图

明　陈嘉选

5

红嘴蓝鹊

王母的信使

2012年在佛坪，我第一次见到红嘴蓝鹊，它突然出现在我们面前，拖着长长的尾巴徐徐而过。我从此便记住了它的美。红嘴蓝鹊美得妖艳，极像参见宴会的名媛：红色的喙像少女抹上浓浓的口红，蓝色的羽毛像是一件美丽的披肩，长长的尾巴犹如华丽的长裙。

红嘴蓝鹊的美早在2000年前就被古人熟知，在神话中红嘴蓝鹊是青鸟的化身，充当西王母的信使。传说西王母有三只青鸟，一只被遣为信使，前来给汉武帝报信，另外两只服侍在西王母身旁。西王母是昆仑神话中的主神，她是吉祥与长寿的化身。唐代诗人李商隐的诗作《无题》中有："蓬山此去无多路，青鸟殷勤为探看"的诗句，说明在唐朝时，青鸟已被看作传书的信使。

我在南方保护区考察的时候，经常可以看到红嘴蓝鹊，它们喜欢结群活动，站在树枝上叽叽喳喳叫个不停。从外形上看，红嘴蓝鹊最显著的特征是一条长长的尾巴，约占体长的一半，和身体显得不成比例。在起飞的时候，红嘴蓝鹊的长尾巴会在空中划出一道优美的弧线，如同仙女的长裙在空中翩翩起舞。美是美，可是这也给红嘴蓝鹊的起飞带来些许不便。它不能像其他雀形目鸟儿那样灵活，每

红嘴蓝鹊

次起飞，红嘴蓝鹊先要有个辅助飞行，如同飞机起飞，斜着升上天空。

红嘴蓝鹊不仅长得美丽，它的走路姿势也很有特点，它们会两种步态。通常情况下，红嘴蓝鹊双脚并拢，往前蹦，如同人类的蛙跳。因为它们长长的尾巴在陆地行走时反而成为一个负担，双脚起跳，更有利于维持身体的平衡。有些时候，它们也会迈开大步前行，这样显得有些笨拙，不如双脚蹦着走麻利。

人类中美女多爱干净，鸟类中红嘴蓝鹊也是如此，无论春夏秋冬、严寒酷暑，红嘴蓝鹊都喜欢在水中洗澡。我在奥林匹克森林公园多次观察到红嘴蓝鹊在湖边找个水浅的地方洗澡，它们试探着站在水边，有时候也会完全站进去。随后，会低下头用喙往翅膀上淋水，打湿翅膀，而后不停抖动翅膀，几个来回后，它们会飞到太阳下，一边梳理羽毛，一边等待羽毛晾干。用人类的眼光看红嘴蓝鹊这是爱干净，讲卫生。在鸟类中这是一种舒适行为，可以清理羽毛中的寄生物，有利于保持身体健康。不

红嘴蓝鹊

过有些时候，红嘴蓝鹊会不慎掉到水中，如果水浅，它们扑腾几下翅膀就可以上岸。如果水深的话，可能会溺水，因为它们不擅长游泳。

不要被红嘴蓝鹊美丽的外表欺骗，其实它们性情剽悍。红嘴蓝鹊是杂食性鸟类，经常会开开荤腥，它们会取食昆虫、蜥蜴，甚至小蛇。我曾经看到一只红嘴蓝鹊将一只蟾蜍叼起来，放在树枝上，而后啄食。场面十分血腥。

唉，人生若只如初见，何事秋风悲画扇。人是如此，鸟又何尝不是呢？

中文名
红嘴蓝鹊
拉丁学名
Urocissa erythrorыncha
中国保护级别
三有
IUCN 保护级别
LC

人类“每逢佳节倍思亲”，鸟类也会“故乡今夜思千里”。每年的春季和秋季，鸟类大军也开始迁徙。全球现存的1万多种鸟类中，有超过20%是候鸟。这些候鸟每年在固定时间、沿固定路线往返于繁殖地和越冬地之间。这个繁殖地——鸟类出生的地方，就是鸟类的“故乡”。

每当春运，抢票季就拉开了序幕，人们计划着回家路线，可是路线就那么几条，选择的余地不大。这时候，有人开始羡慕鸟儿，可以在空中自由飞行，想怎么飞就怎么飞！其实，鸟类的迁徙路线并没有人们想得那么完美，苍天之大，能飞行的路线并没有多少。目前世界上有8条候鸟迁徙路线，其中经过我国境内的主要有3条。迁徙之前，鸟类还要算一笔能量和时间账，不同鸟儿自然会采取不同策略。迁徙时间和能量消耗是影响鸟类迁徙对策的核心，目前已知的迁徙对策有以下几种。

① 时间最短对策。即鸟类缩短迁徙时间，以最快的速度完成整个迁徙过程。采取时间最短对策的鸟类一般在离开中途停歇地时会携带尽可能多的能量，以减少在迁徙途中的停歇次数。缩短迁徙途中的时间，还可以降低整个迁徙过程被天敌捕食的风险。

② 总能量消耗最小对策。采用该对策的鸟类通过减少在迁徙过程中的能量消耗，提高能量的利用率，从而使其在整个迁徙过程中消耗的总能量最小。采取总能量消耗最小对策的鸟类并不需要在离开中途停歇地时携带更多的能量，随着它们在中途停歇地能量积累速度的增加，其携带能量的增加较为缓慢。

③ 携带额外能量所消耗的能量最小对策。相当于人类出远门，少带食物，在沿途采购。采用该对策的鸟类通过减少携带的能量，从而使其在迁徙过程中携带额外能量时所消耗的能量最小。

三

万里朝拜

1

北极燕鸥

最远回家路

我有一个同学家住东北，却在南方上班，每至年关，他就感叹“行路难”，路上要坐几天的火车。其实，他这点路程相对于鸟类的迁徙之路而言微不足道。

在2007年的春季，一只斑尾塍鹬从新西兰出发，在7天内连续飞行10300公里到达中国黄海北部，在鸭绿江口休息一个多月后继续迁徙，在6天内连续飞行6500公里到达位于美国阿拉斯加的繁殖地。这是目前已知的鸟类连续飞行距离的最远纪录！

但要论世界上回家路最远的当属北极燕鸥，它们回家一趟需要飞行40000多公里，相当于绕赤道一圈，是地球上迁徙距离最长的鸟类。这么长的距离，即便是坐飞机，估计也得飞上50个小时。如果我那同学知晓了北极燕鸥的回家之路，还会觉得自己回家的路远么？

路漫漫，不仅远，而且险。人类中张骞出使西域，苏武塞外牧羊，玄奘西游取经……无不充满艰难险阻，如果没有坚强的意志，他们无法再次回到故乡。相比人类，鸟儿归乡路的艰难有过之而无不及。

北极燕鸥，是一种美丽的小鸟，有红色的喙和红色的脚，灰白色的外衣配上黑色的帽子，一副时尚模特的样子。它弱小的身躯不足120克，却创造了鸟类迁徙史上的奇迹。在一生30余年的时光里，北极燕鸥总的迁徙路程是地球与月球距离的3倍多，是名副其实的鸟类迁徙之王。

每年的秋季9月份，太阳的直射角转移到南回

北极燕鸥
段煦拍摄

中文名
北极燕鸥
拉丁学名
Sterna paradisaea
中国保护级别
——
IUCN 保护级别
LC

归线，北极圈开始进入漫长的黑夜。夏季在北极圈繁殖的北极燕鸥开始进行举家迁徙，它们要越过赤道，绕地球半周，迁徙到南极圈附近，在这儿享受南半球的夏季，直到南半球的冬季来临，它们才北飞，回到北极，每年在两极之间往返一次。迁徙之前，北极燕鸥要进行能量准备，它们把食物以脂肪的形式存储起来，这是迁徙路上主要的能量来源。燃烧单位脂肪所释放的能量是蛋白质的 2 倍。脂肪成为每一只鸟迁徙前必备的能量源。

虽然绝大多数鸟都会飞，可是并非每一种鸟都可以飞得高飞得远。还记得庄子《逍遥游》里的蜩与学鸠嘲笑大鹏吗？描述蜩与学鸠，“我决起而飞，枪榆枋而止，时则不至，而控于地而已矣”。而描述大鹏则是：“鹏之背，不知其几千里也；怒而飞，其翼若垂天之云。”庄子认为学鸠不能远飞，而大鹏可以展翅万里，是因为鹏翅膀大。其实庄子不懂鸟，鸟儿是否可以飞得高远和翅膀大小没有太大关系，影响鸟类飞行能力的是其展弦比（翼长与前后宽之比）。北极燕鸥拥有狭长的翅膀，展弦比大，适合长距离飞行。其长长的叉尾也是飞行的利器，在飞行途中叉尾类似于舵，可以使飞行更灵活。迁徙途中，北极燕鸥很擅长利用空气的气流，这样可以最大限度地节省体力。

传统鸟类学家都知道北极燕鸥每年在南北极来回迁徙。可是，南北极之间路途遥远，路线众多，它们究竟走哪一条路线？

2010 年，来自格陵兰、丹麦、美国、英国以及冰岛的科学家组成了一支研究队伍，使用英国南极调查组提供的微型 GPS 设备追踪了北极燕鸥从地球一极飞往另一极的整个迁徙路线，研究发现这些体重仅 100 多克的小鸟竟然完成了长达 7000 公里的飞行距离。

研究人员在北极燕鸥身上安置的这种追踪设备重仅 1.4 克，安装在它们腿部，可以记录每天的光强度和日出日落的时间。由于不同经纬度的日出时间和日照时长总是有差别的，用软件便可以换算出每一天这些鸟儿所在的具体位置。研究结果显示，北极燕鸥飞往南极时要么经过非洲海岸（右页图 A 绿线），要么取道巴西海岸（右页图 B 绿线），而它们飞回北极的时候却取大西洋中间路线（右页图 A、B 黄线），呈“S”形。同年，科学家卡斯滕·伊泽湾（Carsten Egevang）等的这次关于北极燕鸥的长途冒险的研究被刊登在了《美国国家科学院院刊》（PNAS）上。

研究可以看出，北极燕鸥并没有选择最近的路线，而是选择了更为曲折、漫长的“S”形路线。为何它们宁愿绕道也不走最近路线呢？

一方面的原因在于北极燕鸥要借助气流。虽然路途远，可是顺风更省力。另一方面的原

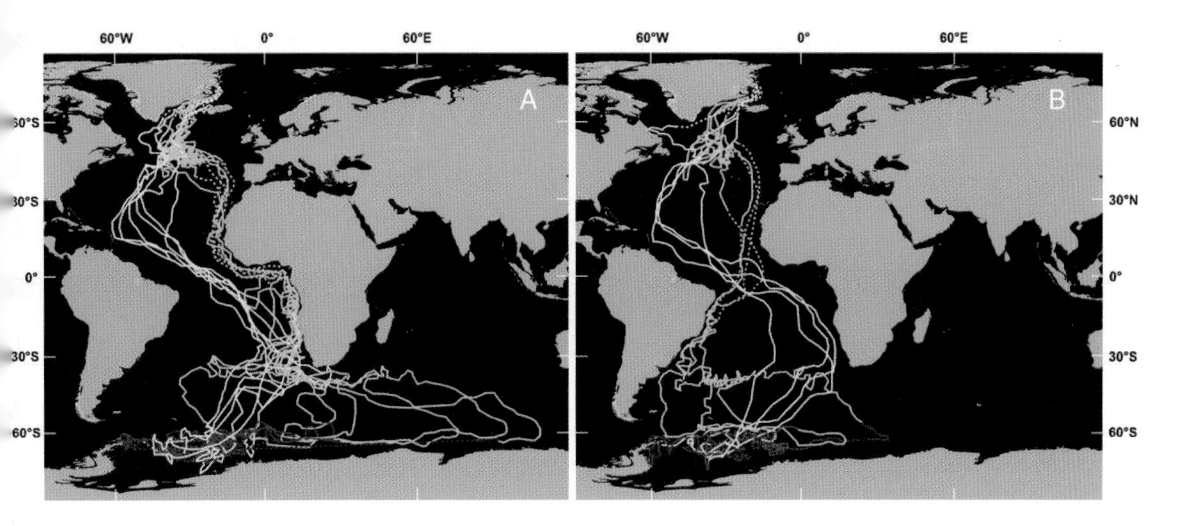

北极燕鸥迁徙路线（图片来自 PNAS）

上图为从格陵兰岛（n=10 只鸟）和冰岛（n=1 只鸟）的繁殖群体中追踪到的 11 只北极燕鸥的迁徙轨迹。绿色 = 秋季（8 ~ 11 月）繁殖后往南极的迁徙路线，红色 = 冬季活动范围（12 月 ~ 翌年 3 月），黄色 = 春季（4 ~ 5 月）返回北极的迁徙路线。从图上不难看出，北极燕鸥们在北大西洋逗留了一段时间补充能量，之后在南大西洋采用了两条向南的迁徙路线，分别是（A）西非海岸（7 只鸟选择该路线）或（B）巴西海岸（4 只鸟选择该路线）。

因可能在于，北极燕鸥沿大陆架迁徙，路上食物种类更加丰富，它们可以随时补充能量。

经过 2 个月的漫长路途，它们到达南极大陆。此刻这里的上升洋流将大量硅藻带到海洋表面，为磷虾的生存提供了条件。大量磷虾成为北极燕鸥绝佳的食物来源。在补充了一个冬季的能量后，第二年四月它们踏上春季回迁之路。在气流帮助下，它们可以每天迁徙 550 公里。

北极燕鸥为何要在南北极之间如此大范围迁徙？科学家有几个推测。

其一，光照时间影响鸟类的生长繁殖，鸟类对此比较敏感。北极燕鸥是鸟类中享受白昼时间最长的种类之一。它们春去秋来，始终追逐太阳的脚步。夏季到达白昼最长的北极繁殖，冬季到白昼最长的南极越冬。

其二，它们为了获取食物。到南极越冬，海岸附近拥有丰富的食物资源，为它们的生长繁殖提供了机会。

2

红颈瓣蹼鹬

欧洲鸟类迁徙新纪录

红颈瓣蹼鹬是一种小型水禽，因趾具瓣蹼而得名。瓣蹼在鹬类中比较少见，这样的结构可以让红颈瓣蹼鹬同时具备游禽和涉禽的优点，可以像雁鸭类一样在水中划水，也可以像其他鹬类一样在浅水中行走，可以实现真正的海陆空三栖。红颈瓣蹼鹬主要生活在海洋中，每年的春季于 4 ～ 5 月，秋季于 9 ～ 10 月迁经中国。2018 年 6 月下旬，我曾经在四川省青川县唐家河保护区蔡家坝水电站前的池内发现一只红颈瓣蹼鹬在取食。此前，唐家河保护区并没有此种鸟的记录。而唐家河保护区也不在红颈瓣蹼鹬的迁徙路线上，它很有可能是偏离迁徙路线的迷鸟。

说到红颈瓣蹼鹬的迁徙之旅，那堪称史诗级。2014 年，英国皇家鸟类保护协会的科学家们使用一种地理定位装置追踪了红颈瓣蹼鹬的迁徙之旅，发现它从苏格兰的费特勒岛出发，穿过了大西洋到达美国东海岸，然后继续飞行经过加勒比海和墨西哥，最终到达了秘鲁海岸越冬。在太平洋海域越冬之后，来年春季，按照之前的路线返回费特勒岛。红颈瓣蹼鹬整个迁徙路程达到 1.6 万公里，创下欧洲鸟类迁徙新纪录。

这种体型比八哥还小的鸟儿竟然可以实现这么长距离的迁徙，让人不可思议。

此外，红颈瓣蹼鹬的婚配关系也与众不同，颠覆了传统的性别角色，是“一妻多夫”制鸟类的典型代表。鸟类中，通常雄鸟羽色艳丽，雌鸟羽色单调，

中文名

红颈瓣蹼鹬

拉丁学名

Phalaropus lobatus

中国保护级别

三有

IUCN 保护级别

LC

红颈瓣蹼鹬却相反。红颈瓣蹼鹬的雌鸟身躯要比雄鸟高大强壮得多，羽毛的颜色也更加美丽多彩。到了繁殖季节，雌鸟更是主动出击，“盛妆”打扮，极尽炫耀之能事，以使雄鸟动心。在有别的雌鸟与其“争风吃醋”时，它还会“大打出手”，进行一场激烈的“抢新郎”争斗。到最后，获胜的雌鸟便以胜利者的姿态，率领抢到手的“丈夫”们凯旋，在其早已占领的地盘内“安营扎寨”、欢度“蜜月”。在筑巢的艰苦劳动中，作为“新郎”的雄鸟不停地飞来飞去，辛苦地衔回草根草叶。而此时的“新娘”雌鸟却躲到一边袖手旁观，优哉游哉。尤其在产卵之后，雌鸟便“抛夫弃子”，远走高飞，另择“新欢”。而全部孵卵、育雏的重任，便由老实巴交的雄鸟承担起来。

这主要是因为在红颈瓣蹼鹬生活的环境中，它们的卵经常会受到捕食者的破坏和气候变化的影响，损失很大。为了弥补卵受到突然的损失，红颈瓣蹼鹬在产下第一窝卵之后，会迅速补产第二窝。当然，这些卵都需要雄鸟来看护。由于雄鸟承担孵卵以及育雏的工作，雌鸟则从繁重的孵卵、育雏工作中“解放”出来，专职产卵，客观上就增加了产卵量。这是长期的进化过程中所发展起来的、应对捕食者掠夺卵和幼雏的适应性结果。

3

大滨鹬

远途迁徙的驿站

人类的回家之旅，不仅需要备粮，有时还需要中途停歇、转车，自驾回家的人还时不时要进入服务区休息。对于鸟类，中途停歇就显得更加重要，那么远的距离，很多时候不能一次性到达，因为不是每只鸟都有北极燕鸥的本领，可以在空中一边飞一边捕食。它们需要停下来觅食、休息。

许多鸟类每年在繁殖地和越冬地之间进行上万公里的长途迁徙。在迁徙过程中，鸟类所消耗的能量是其在迁徙以前身体所积蓄能量的数倍。为了完成长距离的迁徙，鸟类在迁徙途中需要在一系列的中途停歇地补充食物并积蓄能量，为下一阶段的飞行做准备。因此，中途停歇地是联系鸟类繁殖地和越冬地的枢纽，是它们迁徙途中的驿站。

复旦大学的马志军教授，对于鸟类迁徙停歇地有过系统的研究。他认为："在迁徙过程中，鸟类花费大量的时间在中途停歇地补充能量，其能量的补充速度影响着鸟类的迁徙速度和迁徙方式，并决定着鸟类能否顺利完成整个迁徙活动。另外，由于鸟类在到达繁殖地的初期可能面临着严寒、食物缺乏等不利的环境条件，在中途停歇地储备的能量和营养物质对一些鸟类的成功繁殖也起到至关重要的作用。因此，中途停歇地对于迁徙鸟类完成其完整的生活史具有重要作用。"

既然选择了远方，就先准备点吃的。庄子《逍遥游》中，就讲到出门要根据路途远近备粮："适莽苍者，三餐而反，腹犹果然；适百里者，宿舂粮；

迁徙中的红颈瓣蹼鹬

邢睿拍摄

适千里者，三月聚粮。”古代人类在上路前要积累足够的粮食，鸟类更是如此。它们无法携带足够的食物，但是可以把食物以脂肪的形式存储在身体内。鸻鹬类可以从澳大利亚跨越西太平洋直接飞到我国长江口。它们迁徙前体重可以达到平时体重的数倍。

有一种叫大滨鹬的鸟类，每年往返中国和澳大利亚。如此远距离跨越大洋的飞行，它是如何准备的呢？

对于人类而言出远门可以携带干粮，可是鸟类体位没有携带能力。对它们来说，迁徙前的准备就是吃吃吃。当然，光有食物是不够的，它们迁徙前会在体内把食物转换成蛋白质和脂肪。蛋白质和脂肪就是鸟类长距离迁徙的能量之源。不过，鸟类积累能量的方式却因鸟而异。此前，鸟类学家研究发现，很多鸟类会先在体内积累蛋白质而后积累脂肪，因此它们属于二段式能量积累。复旦大学马志军教授课题组研究发现，大滨鹬的能量积累方式有所不同。在迁徙过程中，大滨鹬采取三段式的能量积累模式——先积累蛋白质，再积累脂肪，最后再积累蛋白质。这是为何呢？

采取二段式积累的鸟类，为了最大限度地利用能量，在迁徙过程中，和飞行无关的组织会萎缩，比如营养组织，这样可以最大限度地减轻飞行中的重量。不过，到了繁殖地后，这些萎缩的组织恢复需要一定的时间。大滨鹬采用三段式积累就不需要营养组织萎缩，进入繁殖地就可以直接进行繁殖活动。对于需要抢占繁殖地的鸟类，三段式积累是有利的。

即便积累了足够的能量，大滨鹬在迁徙过程中也难以一步到位，因为距离太远，需要中途停歇。如同我们长途旅行的人，中间需要歇息。人类中有驿站，那些供迁徙鸟儿中途停歇的地方被称为中途停歇地。中国的黄海之滨就是一块天然的中途停歇地，是澳大利亚到东亚鸟类的中途驿站。每年大滨鹬都会在黄海的北部停留 1 个月的时间，

大滨鹬
李欣蔚绘

中文名
大滨鹬
拉丁学名
Calidris tenuirostris
中国保护级别
三有
IUCN 保护级别
EN

用来休整和补充能量。之后，它们动身直接飞到繁殖地。可以说黄海之滨有2个驿站，它的北部是个大驿站，迁徙到此时，鸟儿会进行较长时间的休息整顿。与此相比，黄海的南边就是一个小驿站，每年有部分鸟类在此停留。大驿站供鸟类补充能量，进行休整，这对于进行跨越式迁徙的鸟类尤其重要。而小驿站供一些轻跳式迁徙的鸟类，以及一些路途中受伤的鸟类暂时歇歇脚。驿站在大滨鹬迁徙过程中尤为重要，从澳大利亚风尘仆仆赶来，它几乎已经耗尽了身体存储的能量。如果没有中途驿站，它很难到达繁殖地。

如今中国黄海之滨许多天然的湿地被人类开发利用，比如填海造陆、养殖、旅游等。这对于迁徙中的鸟儿无疑是一个致命的打击。以后，中途的驿站没有了，它们该何去何从？人类开发不能破坏大自然的承载能力，应给鸟儿的生存留一片净土！

大滨鹬
王玉娇绘

4

大红鹳

鸟中四不像误入“歧途”

大红鹳，又称大火烈鸟，是火烈鸟的一种，因全身覆盖着美丽的红色羽毛而得名。大多数分布在南美洲和非洲，其余的分布在亚洲和欧洲。它们最喜欢的栖息地是盐碱湖、植被稀少的河口、潟湖和海滨。奇怪的是 2011 年几只大红鹳竟然将机场跑道当成水面，降落在乌鲁木齐地窝堡国际机场。这已经是它们第三次到新疆了，1997 年 9 月新疆哈密林业处获得一只，地点在哈密市二堡镇，当时认为是偶然路过新疆。11 月上旬由于暖气候的影响，又有一群大红鹳（约 10 只）飞临乌鲁木齐市近郊，其中一只亚成体因有伤而被捉住，标本藏于新疆流行病研究所。它们的到来，引发了我们浓厚的兴趣。

大红鹳分布于地中海沿岸，东达印度西北部，南抵非洲，亦见于西印度群岛。在中国几千年有记载的历史中，似乎没有一次关于大红鹳的记载。这么大的一只鸟，很难想象会被古人遗漏，这说明中国的确不是大红鹳的分布区，甚至也不是迁徙途经地。虽然中国没有大红鹳的分布记录，不过最近 20 年来，大红鹳多次在新疆现身。

大红鹳为何屡次现身新疆？这还要从它们的分布范围和迁徙路线说起。

大红鹳在亚洲也有分布，北纬 53 度 30 分是其分布的北限。亚洲地区，大红鹳夏季在哈萨克斯坦湖泊繁殖，冬季到里海南部以及印度越冬。所以大红鹳从繁殖地到越冬区是一个南迁的行程，从南北方向看，新疆是其南迁和北上经过的纬度。从经度上看，新

大红鹳
邹桂萍拍摄

中文名
大红鹳
拉丁学名
Phoenicopterus roseus
中国保护级别
三有
IUCN 保护级别
LC

疆跨越东经 91 度 ~96 度，与大红鹳的迁徙路线——东经 50 度 ~85 度有接近的可能。这就在地理上造就了大红鹳进入新疆的可能性。

仅有地理上的接近还是不够，大红鹳飞入新疆还需要一定的天时。近年来，新疆冬季出现暖冬，导致很多迁徙鸟类不愿意往南飞行，偏离迁徙路线，漂泊到此。这么一来，大红鹳、鹈鹕等鸟类冬季在新疆被发现就不足为奇了。

大红鹳是一种大型涉水鸟类，高约 106 厘米，翼展 150 厘米，雄性较雌性稍大，长着向下弯曲的嘴巴，上嘴平而薄，像眼睑一样覆盖在下嘴上。脖子有 19 节颈椎骨，可以灵活地转向和弯曲。大红鹳拥有一双又细又长的腿，可以在水里悠闲地漫步觅食。全身覆盖着红色的羽毛，有的还长着黑色的飞羽，看上去十分艳丽。它的眼睛呈红色，虽然很小，但却十分锐利，即使在行走时，也能看见水中的昆虫和其他食物。有化石证据表明，大红鹳早在 3000 万年前就已经分化出来了，比其他大多数鸟类早得多。

不过，大红鹳的分类问题却困扰了鸟类学家很多年。根据其骨架结构、卵白蛋白质和生活习性等，可以把大红鹳同许多不同的鸟类联系起来。比如，大红鹳的盆骨和肋骨结构和鹤类相似，卵白蛋白质的构成和鹭类接近，其幼雏的行为习性和雁形目很相像，成鸟长有脚蹼和防水的羽毛。后来，分类学家将大红鹳划分为一个单独的目——红鹳目。

虽然四不像，但是绝妙的进化使得大红鹳具有不同寻常的特征。为了行走在浅滩上，它们需要细长的腿，同时颈也随之长得修长，因为只有这样才能够到地面取食。为了让脚掌不至于陷进淤泥，其脚趾间长着薄膜（蹼）。弯曲的喙，是为了提高过滤水和稀泥的效果。大红鹳是用嘴巴的上半部分而不是下半部分吸水，对它们而言，只有这样才能尽可能多地吸进水。而薄薄的舌头能够像四冲程活塞那样来回运动，在快速地吸入浑浊的水的同时将水经过旁侧的过滤器挤出去，只留下能够咽下的东西——滤出的食物。每天，大红鹳的进食量会达到自身体重的四分之一。

无论是生活在动物园里还是生活在野外的大红鹳都有一个相同的特点：在多数时间里总是一条腿站立，另一条腿则弯曲在身体的下面。这意味着单腿站立是大红鹳的自然习性，而不是被关在动物园里因环境压力造成的。有许多种理论试图解释这个现象。

有一种理论认为，大红鹳单腿站立是为了节省能量。一些鸟类学者认为，大红鹳在睡觉时也是单腿站立，它们的大脑一半是睡着的，另一半是醒着的，以保持身体的平衡。把一条腿弯曲在身体下则是为了保存身体的热量，因为这样可以将暴露在空气中的皮肤面积减到最小。双腿交替站立还能让腿得到休息，促进腿部的血液循环。这种血液循环理论为许多科学家所认同。大红鹳长长的双腿需要一个强大的血液循环系统来支持血液从心脏流向全身，特别是当大红鹳站在冷水中时，心脏会被迫向双腿输送血液以保持其温度。所以，将一条腿弯曲到身体下面可以减轻心脏的负担。

另一种理论认为，单腿站立可以帮助大红鹳伪装自己——一条腿看上去就像芦苇或草叶。不过反对者提出，大红鹳的猎物都是些甲壳类和贝类小动物，它们不需要在捕食时伪装自己。而且大红鹳的身体是很显眼的粉红色，它们不太可能成功地把自己伪装成芦苇或草叶。

还有一种理论认为，大红鹳单腿站立是为了在遭遇袭击时跑得更快。如果真是这样，那么单腿站立的大红鹳应该比双腿站立的大红鹳起飞得更快一些。然而，有研究人员对两者从静立到开始奔跑所需时间进行的测量结果显示，情况并非如此。此外，还有研究证明，大红鹳单腿站立也不是为了在多风环境下保持平衡。大红鹳的招牌动作——单腿站立之谜，就像大自然里的很多奥秘一样，至今仍未有确切的答案。

大红鹳产卵很有趣，它们先在浅水中用泥筑成高墩，再做巢于墩上，然后产卵于巢内。刚孵出的幼雏，嘴是直的，全身被白色绒毛，双腿为灰黑色，十分可爱。大红鹳幼鸟在几个月之后，逐渐长大，嘴变弯曲，毛色也变了，腿的颜色由灰黑色变成红色。

大红鹳出生两个星期之后那傲慢弯曲的嘴才开始显现，而出生后整整两个月幼鸟都由双亲喂养。就像鲸鱼一样，大红鹳双亲以一种液态的分泌物——“鸟奶”哺育幼鸟，不过这种“奶”是红色的，由处在食道里的特别腺体分泌而成，富含脂肪和蛋白质，还夹杂着血液和少量的浮游生物。不仅是雌性大红鹳，雄性也同样能为“孩子”供奶。

大红鹳

图片来自约翰·詹姆斯·奥杜邦的《美洲鸟类》

像企鹅一样，大红鹳群里也设有一个“幼儿园”。双亲外出觅食时，值班的大红鹳“保姆”负责看护照料幼鸟们。一个这样的群落里幼鸟数量可达到 200 只。但是大红鹳双亲根据声音很快就能认出自己的孩子。大红鹳 2~3 岁才能成熟，它的寿命很长，可达七八十年，有寿鸟之称。

大红鹳刚出生时羽毛是灰色或白色的，随着大红鹳渐渐长大，羽毛的颜色就会变成粉红色，而且这粉红色常常还会发生变化，时深时浅，有时甚至会回归到白色。大红鹳羽毛的颜色为什么会有如此多的变化呢?

科学家通过长年研究，终于揭开了大红鹳羽毛变色之谜。他们发现，成年大红鹳的羽毛究竟长成粉红色还是白色，完全取决于它们吃的食物。在大红鹳的主要食物——藻类和甲壳类中，含有一种叫做类胡萝卜素的色素，大红鹳肝脏的酶将类胡萝卜素分解成粉红色和橘色的色素微粒，这些微粒被储存在大红鹳的羽毛、嘴巴和腿上，使它们呈现出美丽的色彩。有的大红鹳直接吃藻类，身上的颜色就鲜艳美丽，有的则吃以藻类为食的小动物，身上的颜色就比较暗淡。成年大红鹳会给雏鸟喂食红色的“奶”，其实红色“奶”的秘密就在于里面含有角黄素（类胡萝卜素之一），所以呈现出来的颜色就是红色的。雏鸟将这些色素储存在自己的肝脏中，等它们长大以后，这些色素就会转移到羽毛上，使羽毛变成美丽的红色。

对于异性来说，一只大红鹳拥有亮丽的羽毛意味着它非常健康，因为只有这样它才会有闲心和足够的时间来将自己打扮得更漂亮，如果和这样的对象配对，应该能够增加繁殖成功的机会。研究人员也的确发现，颜色鲜艳的大红鹳比颜色暗淡的同类更早开始繁殖，而越早开始繁殖越能占据优越的繁殖地点。

5

斑姬鹟

气候变化打乱迁徙计划

天高任鸟飞，动物界中鸟类的飞行能力有目共睹，它们的活动能力强、转移范围大，因而较少受到气候条件的限制。即便是严寒的冬季，候鸟们也能不远万里，跨越洲、洋到温暖的地区越冬，长期以来，候鸟们恪守着亘古不变的迁徙誓言，任凭沧海桑田，归心依旧，塑造了一个又一个的迁徙神话！然而天道无常、造化弄人，近年来气候的变化，却让一些迁徙的候鸟无所适从。

荷兰有一种雀形目小鸟——斑姬鹟，它们在非洲西部越冬，在欧洲繁殖。雄鸟通常在雌鸟之前到达，雌鸟根据雄鸟栖息地的质量来选择配偶。长期以来坚持着这一生活轨迹不曾改变。可是过去 20 年来，温带地区春季的温度升高了，欧洲提早进入春天，它们却难以适应了。对于许多动物而言，冬季意味着饥饿和死亡，春天才是新的生机，春天过早到来，斑姬鹟为何不适应，是太矫情了，还是另有隐情？

一切还得从它们的生活史说起！“人为财死，鸟为食亡”，对于鸟类而言，食物无疑是生存的头等大事。斑姬鹟在繁殖地主要以昆虫为食，对当地的一种毛毛虫非常依赖，尤其是繁殖期的时候，充足的食物意味着可以养活更多的雏鸟。长期以来，斑姬鹟与毛毛虫建立了一种稳固的关系，毛毛虫种群数量的高峰期，恰恰是斑姬鹟的繁殖期。可是气候的变化，打破了这种古老的平衡。

过去 20 年，春季温度提高导致树木的物候期提前，

斑姬鹟

李一凡拍摄

中文名
斑姬鹟
拉丁学名
Ficedula hypoleuca
中国保护级别
——
IUCN 保护级别
LC

进而昆虫的繁殖高峰也提前了，毛毛虫种群数量高峰的时间有明显的前移趋势。这样一来，斑姬鹟就被爽约了。结果可想而知，在毛毛虫数量到达高峰的时间提前最多的地区，斑姬鹟的种群数量下降了90%，但是毛毛虫数量到达高峰的时间提前最少的地区，斑姬鹟的种群数量仅仅下降了10%。

春季提前，毛毛虫爽约，一时间斑姬鹟无从适应。其实要解决这种局面也很容易，春季早到，物候期提前，树木可以早点发芽，毛毛虫可以提前繁殖，斑姬鹟早点到来不就可以了吗？问题就出在这里。

对于长距离迁徙的鸟类，春季迁徙更多的依赖内源性的节律，不受气候变化的影响。从这种情况看，长距离迁徙的鸟类适应性非常弱，春季从越冬地的迁徙时间和繁殖地的气候变化没有关联，而他们的繁殖日期又受到到达日期的限制。

虽然春季迁徙时间不好改变，斑姬鹟还是在其他方面做出调节，努力地去适应。调查发现，斑姬鹟在1980～2000年的20年间，春季到达繁殖地的时间没有提前，但是它们的产卵期（产卵期和种群的大小没有关系）提前了10天。结果也表明提早产卵的夫妻比晚产卵的夫妻要好。可是这种努力依旧跟不上春季提前的步伐。

这种短时间的转变是不够的，然而它们已经尽到最大的努力了，因为繁殖期无法再提前了。它们的迁徙策略不受气候变化的影响，并且越冬地和繁殖地的气候变化速度不同，阻碍了它们的适应性调整。繁殖地只是早春温度增加，但是晚春温度并没有增加。对于一些种类而言，它们无法根据温度来调节产卵的时间，产卵所依赖的是内源性节律或与温度无关的环境刺激，比如日照长度。

除了受到食物因素的威胁外，气候变化给斑姬鹟带来更多的竞争。比如，处于同一繁殖地区的远东山雀没有因为气候变化受到多少影响。它们是当地的留鸟，产卵日期比斑姬鹟早两周。这样一来，面对远东山雀，斑姬鹟更没有竞争优势了。

其他的长距离迁徙鸟类，对于繁殖地的温度一样不敏感。气候因素对于迁徙的速度或许重要，但是气候变化在不同的温度和气候带是不同的。短距离迁徙鸟类对于气候的反应更加灵活，因为越冬期的环境对于到达繁殖地的最佳时间是一个很好的指示。

大尺度的气候变化对一些从热带越冬地到温带地区繁殖的迁徙鸟类构成了严重的威胁，到达时间不合适，它们就不能选择一个好的栖息地，还面临着当地种的高度竞争，除了斑姬鹟外，西欧的部分鸟类数量也呈现出下降的趋势。

鸟类多数拥有美丽的羽毛、丰盈的体态，美不胜收。鸟儿为何如此美丽？这还要从古老的进化说起，鸟类美丽的羽毛很多是性选择的产物。何为性选择？简单说就是为了吸引异性，同性之间展开竞争，它们变得越来越美丽。在鸟类中，相当一部分雌雄差异明显，雄鸟比雌鸟更漂亮。很多种类的雌鸟在择偶的时候倾向于选择羽毛艳丽的雄鸟。它们并非花痴，而是进化过程中深思熟虑的结果。这是因为，很多鸟类的羽毛的艳丽程度与自身的免疫能力是相关联的。也就是说，羽毛越艳丽的雄鸟，免疫能力越强，也越健康。雌鸟和这种雄鸟结合生下的后代具备强的免疫能力，也更健康，能更好地存活下来。

美丽的东西往往惹人觊觎，很多美丽的鸟类受到人类的威胁而处于濒危的境地。在人类的干扰和迫害下，它们只能将自己隐藏起来，做一个“隐士”。即便如此，它们的生存依旧艰难，如今的地球已然很难留有一方使鸟类不受干扰的净土！

闲云野鹤

1

丹顶鹤

丹顶无毒

在中国，“鹤顶红”是一种家喻户晓的毒药，相传古代皇帝用它来赐死臣子。那么大名鼎鼎的鹤顶红究竟为何物？有不少人认为鹤顶红就是丹顶鹤的丹顶，相传它具备毒性，将丹顶制成毒药，便是鹤顶红。那么，现实中丹顶鹤的丹顶究竟有没有毒呢？

丹顶鹤是一种美丽优雅的大型涉禽，又称“仙鹤”，是我国的传统文化中的吉祥鸟，在文学作品中很早之前就有关于丹顶鹤的记载。《诗经・小雅》中曾记载：“鹤鸣于九皋，声闻于野。”这里的“鹤”就是指丹顶鹤。

丹顶鹤最显著的特征就是头部红色的顶，这也是它区别于其他鹤的标志之一。美丽的丹顶成为丹顶鹤漂亮的装饰，醒目的红色引人注目。解缙在《题松竹白鹤图》中赞美其丹顶“丹砂作顶耀朝日，白玉为羽明元裳”。

对于丹顶鹤而言，它的丹顶纯粹是一种生理现象，如同进入青春期男孩子长胡须，女孩子乳房隆起一样。丹顶鹤性成熟之前是没有丹顶的，性成熟之后它们在体内垂体前叶分泌的促性腺素作用下，头部的一块区域开始变红，形成所谓的丹顶。丹顶的出现标志着丹顶鹤性成熟，进入自己的青春期。当成年的丹顶鹤进入繁殖期的时候，它们的丹顶会更加鲜艳，这是因为繁殖期的时候性激素分泌更加旺盛。通常情况下，丹顶鹤的丹顶一年中会发生变化，一般而言，丹顶在春季繁殖期的时候色彩最鲜艳，

丹顶鹤之丹顶

冬季则相对暗淡。同样，身体的健康程度也会在一定程度上影响丹顶的色泽。当丹顶鹤身体健康时，其丹顶色泽鲜艳，反之，身体病态时，丹顶色泽暗淡。当丹顶鹤死亡后，其丹顶的红色会慢慢褪去。

那么丹顶鹤的丹顶究竟有没有毒呢？

吕士成曾用最简单和最直接的方法进行过验证。他把丹顶鹤的丹顶碎屑取下些，放在小动物的食物中。结果发现这些食用丹顶的小动物全都安然无恙。丹顶之毒不攻自破。

还有人认为会不会是丹顶鹤的血液有毒呢？

这更不可能了。早在明朝，李时珍的《本草纲目》中就曾记载："白鹤血［气味］咸，平，无毒。"现代的科学化验也证明，丹顶鹤的丹顶以及血液都没有毒。

真实的情况是，鹤顶红仅仅是以丹顶鹤的丹顶冠名的一种毒药，其和丹顶没有丝毫关系。经现实考证，毒药鹤顶红很有可能是一种名为红信石的天然矿物质。红信石的主要成分为三氧化二砷，是一种有毒的物质，俗称红砒，是砒霜的一种。《水浒传》中武大郎就是死于砒霜。

那么这个红信石是如何和丹顶联系在一起呢？

由于红信石含有杂质硫而呈红色，外形类似丹顶鹤的丹顶，可能古人据此给其取了一个文雅的名字。此外，中国文化中有种"避讳"现象，将一些不好的词汇替代为较委婉的说法，比如把"去世"说成"驾鹤西归"。而"鹤顶红"很可能就是毒药红信石的避讳语。

2014 年暑期，我到洋县出差。这里有一个非常熟悉的“朋友”，我对于它的兴趣远远超过国宝大熊猫。虽然没有“国宝”的名气大，但它那一段非比寻常的经历，也是可歌可泣！曾几何时，它一度徘徊在鬼门关之外，中国的专家们认定它已经消失了，而后它又被重新发现，一步步从鬼门关里飞了出来。它就是朱鹮，来自地狱的勇士！

物以稀为贵，朱鹮以其稀少的数量和美丽的形态闻名于世，是亚洲地区特有的珍贵涉禽。曾几何时，朱鹮家族也曾兴盛一时。据文献记载，朱鹮在历史上属广布种，广泛分布于亚洲东部，北起西伯利亚的布拉戈维申斯克，南到中国的台湾，东至日本的岩手县，西抵中国的甘肃省。大陆境内，朱鹮广泛分布于东北、华北、华东、华南以及中西部地区，共有 15 个省市曾有过朱鹮分布的记录。

造物者赋予每一个物种出现的机会，必定会给予它们生存的理由。朱鹮是历经几千万年而进化出来的物种，经历过沧海桑田，见证了历史变迁……大自然的种种磨难，挡不住物种求生的渴望！然而，伟大的生命面对工业文明的进程，却渐渐失去了昔日生命的顽强！

随着人类活动对生态环境的迅速改变，朱鹮的数量自 19 世纪后逐渐减少，20 世纪中期以来，由于环境破坏，加之食物资源缺乏、捕猎、缺乏营巢树木以及湿地面积缩小等原因，朱鹮的数量急剧下降。1963 年以后，俄罗斯一直没有朱鹮的记录；朝

朱鹮

向定乾拍摄

中文名

朱鹮

拉丁学名

Nipponia nippon

中国保护级别

I

IUCN 保护级别

EN

鲜半岛的最后一次记录是1979年在“三八线”非军事区见到1只。当时仅知日本有6只存在。中国是朱鹮的主要历史分布区，原有迁徙、留居两个类型。然而因朱鹮不能适应生态条件的迅速变化，分布范围迅速缩小。即使最晚的朱鹮标本采集点——1964年6月甘肃康县岸门口，也变成了人口密集的城镇。据称，1972～1975年在我国还采到过朱鹮的标本，但并没有确实的根据，事实上自1964年后，朱鹮在我国未见有正式报道。朱鹮濒临灭绝，距离地狱之门只有一步之遥！

历经几千万年形成的物种就这样在我们的眼皮子底下消失了吗？我们还不曾欣赏那美丽的容颜，它们就已经离去了吗？中国的科学家们不抛弃、不放弃，无论多么艰难，也要找到朱鹮，不放过任何蛛丝马迹，希望能对后人有个交代！1978年10月，中科院动物研究所正式立项，决定在全国寻找消失已久的朱鹮。1978～1981年，中国科学院动物研究所寻鹮小组对我国辽宁、安徽、江苏、浙江、山东、河北、河南、陕西、甘肃等九省有关地区进行了3年的调查。老一辈的科学家们，风餐露宿、历经千险、排除万难，终于在1981年5月在秦岭洋县境内金家河及姚家沟的海拔1200～1400米处，发现了2对朱鹮成体，3只幼体，共7只野生朱鹮。如此稀少的种群数量，它们能否继续存活，如何进行保护，成为摆在中国鸟类学家面前的一道难题！只要还有一线希望，就不会放弃！

为了拯救这世界上仅存的野生朱鹮，中国各级政府和研究管理部门先后采取了一系列保护拯救措施。先是就地保护，即在朱鹮的自然栖息地内开展保护工作，拯救和恢复其野生种群，这是最重要、最有效的方式。在朱鹮的保护进程中，保护野生种群及其栖息地尤为重要。自1981年重新发现朱鹮野生种群后，我国加大就地保护措施，并取得显著成效。2005年，经国务院批准，成立陕西汉中朱鹮国家级自然保护区。

就地保护的同时，易地保护（易地保护是将濒危物种的部分个体转移到人工条件比较优越的地方，通过人工饲养繁殖的方式保存并建立一定规模的、健康的人工种群）也开始展开。1981 年 5 月，随着一只朱鹮雏鸟送到北京动物园进行人工饲养，开始建立第一个人工种群。1989 年，世界上首次人工繁殖朱鹮在北京动物园获得成功。截至 2005 年 6 月底，中国人工饲养的朱鹮数量已达到 424 只。不仅如此，我们的经验和技术还被引入到日本。1998 年，我国将 1 对朱鹮赠送给日本。2000 年，我国又借给了日本 1 只雌性朱鹮。与此同时，中国专门派出技术人员，传授朱鹮的人工繁殖技术，在日本佐渡朱鹮保护中心建立起新的朱鹮人工种群。濒危的朱鹮在中日两国建立起稳定的人工种群，已成为世界濒危物种保护和国际合作的一个成功典范。

好消息还在继续，随着朱鹮人工种群的日益充足，让人工种群回归自然的时机已经成熟。2004 年 10 月，陕西洋县华阳镇开展了朱鹮饲养个体的野化放飞实验。共有 12 只人工饲养的朱鹮被释放到野外，并对其中 5 只进行了无线电遥测跟踪。至 2005 年 6 月，除 3 只失踪外，其余 9 只都已适应野外环境并与野生朱鹮种群合群生活。

经过几十年的努力，朱鹮这一极危物种已经得以保存和壮大，种群数量已经由 1981 年的 7 只发展到现在的 2000 多只，野生种群的分布范围已从洋县自然扩散到周边的汉中、安康、宝鸡、铜川、西安等市的多个县区，人工种群已发展到日本和韩国。

我们到洋县的时候曾担心无法见到朱鹮。一旁的赵书记打趣地回答："见不到都困难"。果不其然，在华阳古镇，朱鹮的巢就建在小镇路边的树上，过往的行人很多，可是巢中的朱鹮一点都不感到害怕，这和我在新疆看到的其他鸟类的场景大大不同。我们也如愿以偿地拍到了两只将要离巢的雏鸟。

人类文明发展的今天，需要我们善待每一个物种。从某种程度上讲，生态文明的尺度是由人类和动物之间的距离来衡量的！

3

白胸苦恶鸟

前世的冤屈，今世的苦恶

2017年岁末，我在广州湿地公园拍鸟，行至一个小树林，一条水沟横在前方挡住去路。踌躇间，但见一鸟，在水沟边，行色匆匆。此鸟相貌平平，既无艳丽的羽毛，也无婀娜的身姿，背黑色、翅短圆，如同一只瘦弱的母鸡，最明显的特征是腹部白色的羽毛。

这是什么鸟呢？看嘴形，属于秧鸡。回去后，我对着图鉴，查阅它的身世，原来这就是大名鼎鼎的白胸苦恶鸟，又因其常在江南的秧田里生活，又叫“白胸秧鸡”或“白面鸡”。白胸苦恶鸟是海陆空三栖鸟种，脚趾很长，擅陆路行走和坡地攀爬，一双细长的黄脚极善奔跑，动作就像小型鸵鸟一样，无论在凹凸不平的石滩或河床，还是芦苇或水草丛中前行都如履平地。若遇劲敌，时而飞翔，时而跳跃，堪称鸟类中的“特种兵”。不过，白胸苦恶鸟不喜欢高飞，也不喜欢与人类接触，藏身于河边或低洼地带的草丛中安身立命。

白胸很好理解，可是苦恶的名字从何说起呢？

原来在繁殖期间，白胸苦恶鸟雄鸟会晨昏激烈鸣叫，音似“kue，kue，kue”，古人根据这一习性气称其“姑恶鸟”或“苦恶鸟”。

宋代诗人苏轼是最早写姑恶诗的诗人，他在《五禽言》诗之五写道：“姑恶，姑恶。姑不恶，妾命薄。君不见，东海孝妇死作三年干，不如广汉庞姑去却还。”作者自注：“姑恶，水鸟也，俗云妇以姑虐死，故其声云。”在苏轼的注解中可以了解到，姑恶是

白胸苦恶鸟

中文名

白胸苦恶鸟

拉丁学名

Amaurornis phoenicurus

中国保护级别

三有

IUCN 保护级别

LC

一种水鸟，民间传说认为姑恶鸟是媳妇被婆婆迫害死后所化，所以其叫声似“gue”，后世诗中常以姑恶鸟指代媳妇。而苏轼在诗中认为不是婆婆恶毒，是媳妇命薄，并以含冤而死的东海孝妇和被老公驱逐后又被婆婆请回的广汉庞姑的典故举例，证明自己的看法。

和东坡先生同时期的词作家于石的代表作品之一《姑恶》中也介绍了这种鸟：“村南村北麦花老，姑恶声声啼不了。有姑不养反怨姑，至今为尔伤风教。噫，君虽不仁臣当忠，父虽不慈子当孝。”这里明显带有感情色彩，完全成了借题发挥，责任全部推到媳妇身上来了，认为其不孝顺，死有余辜。那么作为媳妇死后化身的姑恶鸟，自然也就不受待见，成为恶鸟的代表。

紧接着，南宋诗人陆游在《夜闻姑恶》中也提到姑恶鸟，其词曰：

湖桥东西斜月明，高城漏鼓传三更。
钓船夜过掠沙际，蒲苇萧萧姑恶声。
湖桥南北烟雨昏，两岸人家早闭门，
不知姑恶何所恨，时时一声能断魂。
大地大矣汝至微，沧波本自无危机。
秋菰有米亦可饱，哀哀如此将安归。

这里终于听到了不同的声音，和前人不同，陆游对于姑恶鸟（媳妇），开始抱有同情。

同时期的刘克庄在《禽言九首·姑恶》中写道：

有鸟有鸟林间呼，声声句句唯怨姑。
夜挑锦字嫌眠懒，晨执帨巾嗔起晚。
老人食性尤难准，冰天求鱼冬责笋。
爷娘错计遣嫁夫，悔不长作闺中姝。
新妇新妇牢记着，人生百年更苦乐。
他时堂上作阿家，莫教新妇云姑恶。

这首诗中也是对于姑恶鸟（媳妇）充满同情,指出婆婆过于刁难——“冰天求鱼冬责笋”，让媳妇后悔嫁做人妇。

范成大在今浙江省湖州市境内见到姑恶鸟后说“余行苕、霅始闻其声，昼夜哀厉不绝。客有恶之以为此必子妇之不孝者。”为了否定这种说法，他写了《后姑恶诗》：“姑恶妇所云，恐是妇偏辞。姑言妇恶定有之，妇言姑恶未可知。姑不恶，妇不死。与人作妇亦大难，已死人言尚如此。”意为大家往往都认为媳妇说婆婆恶毒可能是片面之词，婆婆说媳妇恶毒就一定是真的。可是如果婆婆不恶毒，媳妇又怎么会死呢？人都死了，还对媳妇这么刻薄。诗中表现出对姑恶鸟（媳妇）的同情。

照我们看来，除了于石外，宋代诗人对于姑恶的话大多说得不坏，尤其以东坡先生和陆游最具代表。东坡先生能体察人情，一面却也不敢冲撞礼教，所以有那一套敦厚温柔的气味。陆游恐怕因为有感于唐婉被逐一事，却不好来做正面的文章，然而却似乎更显幽怨了。

到了明朝，李时珍由于工作性质，不再纠结于姑恶鸟的文化意义，而是更加专注于姑恶鸟本身，对其进行客观的描述，其在《本草纲目》中说："今之苦鸟，大如鸠，黑色，以四月鸣，其鸣曰苦苦，又名姑恶，人多恶之，俗以为妇被其姑苦死所化"。李时珍的记载与白胸苦恶鸟的形态特征非常接近。白胸苦恶鸟是中型涉禽，体长 28 ～ 35 厘米，而斑鸠体长也在 28 ～ 30 厘米，大如鸠非常贴切。白胸苦恶鸟 4 ～ 5 月份处于繁殖期，在此期间多鸣叫也是准确的。只是"人多恶之"，说明这种鸟儿不受待见，当时的人们对姑恶是忌讳的，不喜欢它们。

清代史震林的《西青散记》卷二有一节文章对姑恶鸟进行了客观细致的描述，非常有博物学的风范。其文曰："段玉函自横山唤渡，过樊川，闻姑恶声，入破庵，无僧，累砖坐佛龛前，俯首枕双膝听之，天且晚，题诗龛壁而去。姑恶者，野鸟也，色纯黑，似鸦而小，长颈短尾，足高，巢木旁密筱间，三月末始鸣，鸣自呼，凄急。俗言此鸟不孝妇所化，天使乏食，哀鸣见血，乃得曲蟮水虫食之。鸣常彻夜，烟雨中声尤惨也。诗云，樊川塘外一溪烟，姑恶新声最可怜，客里任他春自去，阴晴休问落花天。"这里的描写非常接近姑恶鸟的生活史了。姑恶鸟以昆虫、小型水生动物以及植物种子为食，在荆棘或密草丛中活动，偶亦能在树上，以细枝水草和竹叶等编成简陋的盘状巢。姑恶鸟每窝产卵 6 ～ 9 枚，卵土黄色，上布紫褐色和红棕色的稀疏纵纹和斑点，每年可产 2 ～ 3 窝，雏鸟

白胸苦恶鸟

为早成性，孵出后即能离巢，但仍与亲鸟一起活动，池塘荆棘或密草沙滩边经常可以看到一家子苦恶鸟散步。

到了清朝，著名诗人龚自珍在《金侍御妻诔》中，开始为姑恶鸟平反了：“鸟名姑恶，谁当雪之？薪名慈姑，又谁植之？”在记载姑恶鸟的诗句中，他是为数不多的直截了当地认为姑恶鸟（媳妇）是被冤枉了。这在封建礼教下，实属难得的声音。

白胸苦恶鸟相貌不扬，却成为文人墨客笔下吟咏的对象，不能不说是一段传奇。鸟一直都是那个鸟，时代不同，人不同，鸟儿被赋予的文化意义也就大相径庭了。

GALLINULA PHŒNICURA.

4

赤颈鹤

前世今生

在世界上 15 种鹤类中，体型最大、身体最强壮的鹤是赤颈鹤。赤颈鹤全长约 150 厘米；体羽浅灰色；头、喉及上颈裸出部分为橘红色；初级飞羽和初级覆羽为黑色；内侧飞羽为白色，修长而垂盖尾部；嘴灰绿色；脚粉红色。它们栖息于多草的平原、水田、沼泽湿地及森林边缘，以稻谷及水生植物的根、块茎为食物，也取食鱼类和蛙类。赤颈鹤有两个亚种，印度亚种和东方亚种。中国分布的为东方赤颈鹤，属于国家一级保护动物，仅分布在我国的云南地区。在中国的 9 种鹤中，它们的命运尤为坎坷！

赤颈鹤东方亚种在历史上分布区较广、数量也较大。鹤类家族的成员多具长途迁徙的习性，但赤颈鹤却只在生存环境变得极为干旱时，才被迫做相对短距离的迁移。这种较为固定的栖息区域，也是一种有利于种群适应环境变化的生态对策，使种群适应与人类的共同生活，从而使种群保持了相当大的数量，一度成为一个人与动物相互适应、和谐发展的典范。赤颈鹤印度亚种在其分布区内被印度教徒视为吉祥鸟——湿地之神。国内的赤颈鹤东方亚种自古以来就受到人们的保护，加之其适应性较强，经常到农田和农田与湿地的交界地带采食，逐渐失去了对人类的恐惧，在很长一段时间内达到了与人类协同进化的程度。

赤颈鹤在中国分布的最早记录，是英国人安德森 1868 年和 1875 年在云南西部中缅交界处采获的 2 个标本，并在海拔 1005 米的地方发现过 600 多只

赤颈鹤

沈海滨拍摄

的集群。赤颈鹤在傣语中叫“诺坑”，20 世纪 50 ～ 60 年代在勐仑罗梭江边的田坝区很常见。它们每年在稻谷收割以后，大约 11 月份飞来，在田坝里活动、跳舞、找东西吃。人们曾经在寨子旁边的烂坝塘（沼泽地）里见过它的窝，窝是用稻草堆成的，约一尺（约 33.33 厘米）高。一窝下两个蛋，蛋比鹅蛋还大，蛋壳灰白色。等雨水来到时，犁田栽秧季节（7 ～ 8 月），小鸟长大以后就飞走了。1962 年以后坝区人多起来，枪多起来，打鸟的人多了，烂坝塘开成田以后，赤颈鹤就不见了。

赤颈鹤在云南省已处于极端濒危的境地。在印度、缅甸等地区的数量可能也已十分稀少，在我国的边境地区才会如此罕见。赤颈鹤在国内的处境艰难，在国外的处境也不乐观。近年来，其在东南亚的栖息地生境条件的恶化，如战争、湿地的围垦造田、环境污染等，使其数量显著下降，并在部分地区绝迹，如泰国、菲律宾吕宋岛等。但栖息在澳大利亚北部的种群却奇迹般地得到了发展，并保持了相当的数量。

5

美洲鹤

家有一老，如有一宝

迁徙也需要学习？答案是肯定的。就像火车上，许多大人抱着孩子，这些孩童在大人的带领下就会慢慢知晓回家的路。鸟类中，迁徙是本能，但是迁徙之路，却是来自后天的学习。为了研究鸟类的迁徙多少是基于本能，多少是基于后天的学习，美国科学家做了一个有趣的实验。

为了研究鹤的迁徙，科学家对美国威斯康星州国家野生动物保护区的一个美洲鹤种群进行了长达8年的跟踪观察。这群鹤是人工养殖的，到了迁徙的时候，它们也蠢蠢欲动，也知道秋季往南，春季往北，可是世界那么大，它们不知道走哪条路线。当然，自然状态下的美洲鹤是知道迁徙路线和目的地的。既然这群美洲鹤不知何去何从，那就教给它们。

在美洲鹤出生后的第一个秋天，科学家驾驶超轻型飞机带着这群鹤向南方迁徙。经过几次训练后，在后续的所有迁徙活动中，鹤群在没有飞机导航的情况下也能自由迁徙。这充分说明了鹤群后天学习的重要性。

还是这群鹤，科学家对鹤群成员进行调整，给鹤群组成了不同的年龄结构，比如有的鹤群年长者为 1 岁，有的鹤群年长者为 8 岁。下面就是见证奇迹的时刻：通过数据分析得出，迁徙鹤群中年龄最大者为 1 岁时，该鹤群会偏离它们的路线约 76.1 公里，而鹤群中年龄最大者为 8 岁时，它们偏离其路线的距离仅 46.8 公里，这意味着 7 年的迁徙经验可使迁徙能力得到约 38% 的改善。年长的美洲鹤的社会学习在保持迁徙路线中发挥着重要作用，在某个迁徙鹤群中如有年长、有经验的美洲鹤，可帮助该鹤群保持一个更加准确的路径飞往繁殖地。这也同时验证了中国的一句名言：家有一老，如有一宝。

美洲鹤

图片来自约翰·詹姆斯·奥杜邦的《美洲鸟类》

人类中的医者可以医治百病，救死扶伤，在鸟类王国中也有一些“医者”，可以为民除害。鸟与人类的关系自古以来就十分密切，随着时代的发展、社会的进步，生物防治（以虫治虫、以鸟治虫和以菌治虫）悄然兴起。在这个过程中，鸟类中的一些食虫食鼠成员可以大显身手了。随即，人类兴建一处处工程，试图招引鸟国的工程兵为民除害。人们长期的观察发现，几种鸟类对于草原害虫的爆发有很好的抑制作用，于是引鸟工程应运而生。先有招引粉红椋鸟来消灭蝗虫，后请棕尾鵟、红隼来灭鼠，现在林业部门尝试着聘请啄木鸟来控制森林虫灾，一时间生物防治成为热门话题！

五

为民除害

1

棕尾鵟

大漠飞鹰

2012 年 9 月 1 日，我到达阜康古尔班通古特沙漠的边缘参加沙漠样线的鸟类调查。道路两边一排排黑色的柱子格外显眼。师兄告诉我，那是马鸣老师为了招引棕尾鵟而搭建的鹰架。

棕尾鵟属于鹰科鵟属，别称大豹、鸽虎。棕尾鵟体长 64 厘米，翼及尾长。头和上胸部呈浅色，靠近腹部变成深色，尾上一般呈浅锈色至橘黄色而无横斑。飞行似普通鵟，滑翔时两翼弯折，随气流翱翔时高举成一角度，有时翅膀上举呈“V”形，有时也在空中逆风不动，好像悬浮在空中。棕尾鵟雌性比雄性大，飞行时翅膀扇动频率较雄性低。

在乌鲁木齐周围的荒漠草场，棕尾鵟和前面提到的红隼可是人们专门请来的“贵客”。它们是生物灭鼠的重要功臣。新疆的猛禽可不少，为何偏偏要选中它呢？

在猛禽的世界中，体形大者，比如金雕、秃鹫等在开阔的地带具有优势，而中小体形的身手灵活者，如苍鹰就更喜欢到密林中闯荡。但棕尾鵟却有些特别，这么好的身手却选择半荒漠、草原、无树的平原和山地作为它们的栖息地。冬季宁可到农田地区活动，也不愿在森林地带出没。其实这也怨不得它们，因为它们身体的颜色过于招摇，不适合在森林中隐藏自己。而一旦到了荒漠，棕尾鵟的羽色却可以成为一种天然的保护色。

就算棕尾鵟愿意来，想要在这么大的荒漠中灭鼠谈何容易？一两只棕尾鵟根本不够用，应该如何

棕尾鵟

中文名

棕尾鵟

拉丁学名

Buteo rufinus

中国保护级别

Ⅱ

IUCN 保护级别

LC

让四面八方的棕尾鵟都聚集于此呢？

当我们了解了它们的脾气之后，一切就简单多了。棕尾鵟喜欢“狙击战术”，借助天然的地形隐藏自己，等待猎物出现，然后突然袭击，这是它们捕猎惯用的伎俩。它们常常占据有利地形，如岩石、土丘上，而身体的颜色和棕色的尾巴就像一身沙漠迷彩，使得猎物很难发现它们。如果长时间没有猎物出现，它们会飞到高空对地面进行“侦察”。有趣的是，当高空侦察也不奏效的时候，它还会在地面进行地毯式搜捕，就像家鸡在地面上走来走去寻找甲虫等来充饥一样。如果地毯式搜捕也没能抓住活物，棕尾鵟也会勉强吃死鱼和其它动物尸体。啮齿动物、蛙、蜥蜴、蛇、雉鸡以及其它鸟类都是它等待的对象。

根据这一习性，我们在乌鲁木齐近郊荒漠中人工搭建这样的平台，供它们停歇。庆幸的是，现在已经初见成果，鹰架上，我们已经看到它们停留的身影，并且鹰架下还留有它们的粪便。

不过，招引只是权宜之计，想办法扩大棕尾鵟的种群才是解决鼠害问题的根本途径。

2

粉红椋鸟

草原铁甲兵

2012年9月5日，在去夏尔希里的路上，一片草场上我发现许多幢红色的小房子，不是牧民的住所，也不是牲畜的冬窝子，而是专门为招引粉红椋鸟搭建的房子。

猛禽可以有效地对付啮齿类动物，但是对于小型的害虫就无能为力了。此时一种食虫的椋鸟进入人们的视野，它就是粉红椋鸟。由于粉红椋鸟在新疆山前荒漠草原和草甸草原广为分布，数量很大，专以蝗虫为食，对控制蝗害起着重要作用，被当地群众称为保护草原的“铁甲兵”。

粉红椋鸟形似八哥，体长约22厘米，繁殖期雄鸟亮黑色，背、胸及两胁粉红色。雌鸟图纹相似，但较暗淡。幼鸟嘴黄色，上体皮黄，下体色浅，两翼及尾褐色。每年5～6月份，粉红椋鸟就会成群结队地迁徙至新疆繁殖，先在食物丰富的低山地带落脚，然后集群占据石头堆、崖壁缝隙等处作为巢址。为了争夺有利地势，雄鸟之间经常发生激战，此时它们头顶上部羽毛蓬展，用以恐吓其它雄鸟并吸引雌鸟。通过数日的选配，最终组建成“一夫一妻”制的家庭，开始共同筑巢繁育后代。

粉红椋鸟喜欢在天然的石缝中集体筑巢，但是自然界中能供粉红椋鸟集群筑巢的地方并不多，这在一定程度上限制了粉红椋鸟在蝗害发生区的栖息、分布和繁殖。因此，招引粉红椋鸟的关键在于有计划地给它们创造栖息繁殖的场所。

粉红椋鸟有利用一些其它巢区的习惯，例如牧民的石质羊圈、水库的石质大坝，甚至哈萨克人特有的石堆墓地群等。人类利用它的这一习性来为粉红椋鸟修建巢区。截至2013年，南山冬牧场共修建粉红椋鸟石巢13300立方米，砖巢5栋。通过几年草原蝗灾生物治理工程的建设，蝗情被控制在最低水平，化学农药对草地的污染也被消除了，这有效地维护了草地的生态平衡。粉红椋鸟成为当地消灭蝗虫的主力军。

利用粉红椋鸟来控制蝗虫虽然有很大的益处，但是目前这些工程依然备受争议。这是为什么呢？引进粉红椋鸟还有什么需要注意的问题呢？

首先，粉红椋鸟种群数量的变化有何诱因，这点我们目前尚不知道。粉红椋鸟和其它许多鸟儿一样，种群数量会有周期性波动，这种波动可能和它的食物有关。它的主要食物是蝗虫，而巧合的是，蝗灾也是有周期规律的。关键问题就是，粉红椋鸟的大年和蝗虫爆发是否一致？另外，由于粉红椋鸟是迁徙性种类，它种群的波动还要考虑越冬地的情况。

其次，目前大规模人工修筑砖块、水泥等不同材质的开放性鸟巢，而粉红椋鸟的入住率并不高。粉红椋鸟营巢时，一般会选择具有良好隐蔽性及安全性的地点作为巢址，且鸟巢具有一定的结构特点。而人工巢往往盖得比较随意，且建在开阔的草原上，不符合粉红椋鸟们的要求，换句话说，我们提供的可能不是它们想要的。

其三，很多地区出现一个奇怪的现象：人们一边搭建房子，招引粉红椋鸟；一边又利用化学药剂对蝗虫进行毁灭性的打击。这样一来，蝗虫体内的化学药剂将对粉红椋鸟及雏鸟产生毒害作用，影响粉红椋鸟种群存活率及其种群数量，进而削弱其对蝗虫种群数量的自然调控作用。我们必须警惕，以免一些别有用心的人搞“形象工程”，打着生物防治的旗帜到处招摇撞骗，一方面搭建鸟房，一方面却又大规模喷洒农药！

其四，在筑建人工鸟巢时，应当充分考虑食物数量与粉红椋鸟种群数量之间的关系。粉红椋鸟每年繁殖一代，每窝产卵3～8枚，孵化15天后雏鸟破壳而出。雏鸟成长过程中食量剧增，甚至超过成鸟，食物供给是否充裕决定鸟类繁殖的成功与否。尤其是5～10日龄的雏鸟生长发育迅速，在此期间食物供给不足会造成雏鸟发育缓慢，甚至停滞，最终将无法迁徙回越冬区。因此，在筑建人工鸟巢时，应该根据蝗虫发生的不同区域来确定巢区的适宜规模，确保粉红椋鸟繁殖期、育雏期及雏鸟离巢期等不同阶段的食物供给。

最后，粉红椋鸟在新疆因为吃蝗虫，被当作益鸟，被人们普遍保护。但在越冬地，例如

粉红椋鸟
西锐拍摄

印度，粉红椋鸟是以谷物为食，这么大的食粮群很难保证人家不大开杀戒。如此一来，一个问题值得思考：粉红椋鸟种群数量的增加究竟是福还是祸？这些鸟在咱们国家是益鸟，如果我们把它们培养起来，那么到了冬季，它们迁徙到南亚为害，这又该怎么办呢？

总而言之，生物防治要建立在科学分析的基础上，需要用理性分析，统筹兼顾。

3

啄木鸟
森林医生

2012年9月，我到达新疆博乐市的夏尔希里，在那里我发现林中有很多人工搭建的鸟巢，听本地护林员讲是为了招引啄木鸟。啄木鸟是鴷形目啄木鸟科鸟类的统称，全世界有33个属，217种。中国早在甲骨文中就有其记载，林沄在《一组卜辞的释读》中释甲骨文中像啄木鸟的字为“鴷（鴷）”，我们从甲骨文图形可以清楚地看到“一只鸟在啄木”，它的喙突出，鸟足与身体垂直。甲骨文为象形字，表意十分明显。那么这个字什么意思呢?

有图我们很容易想到啄木鸟啄木的场景。可是，古代并无啄木鸟一词。甲骨文和现代汉语不同，一个甲骨文文字就代表一个词。那么前面的甲骨文字可以表示成“啄木+鸟”，这是“啄木”的意思。把啄木鸟的甲骨文解释为“鴷”，符合甲骨文单字表音的特点。然而遗憾的是，在甲骨文中却没有见到使用“鴷”字本义的例子。后世文献也把它写作“斲（斫）木”，意思还是一样。如《广韵》《集韵》有“鴷，即斲木鸟，常斲树食虫。”《尔雅·释鸟》云：“鴷，斲木。”郭璞注：“口如锥，长数寸，常斲树食虫，因名云。”《异物志》：“此鸟有大有小，有褐有斑，褐者雌，斑者雄。”“彼鴷鸟兮善啄木”是古人对它的描述。

在古代，啄木鸟可谓是“网红”，有不少诗人专门为其写诗，可见其面不薄。晋代左芬作有《啄木诗》：“南山有鸟，自名啄木。饥则啄木，暮则宿巢。无干于人，唯志所欲。此盖自卑，性清者荣，

灰头绿啄木鸟

GREY HEADED GREEN WOODPECKER.

Picus canus, *(Gmelin)*.

性浊者辱。”这首诗是左芬以啄木鸟为喻，表明自己清高不群的品格和姿态。

宋人刘大山在《挑灯集》中有一首吟咏啄木鸟的七律诗，刻画得十分生动：

此禽不与众禽同，头戴朱冠一点红。
嘴似铁钉钉铁木，爪如铜钻钻铜桐。
朝飞南浦云烟外，夜宿西山风露中。
非是远来求食啄，只思除却蛀心虫。

还有宋代王元之诗云：“淮南斲木大如鸦，顶似仙鹤堆丹砂”。清代史震林在《慰曹震亭书》中云：“虫蠹黄蔬，鴷穿朽枣。”等等。

由上述诗词，我们还可以知晓，古人很早就已经察觉啄木鸟能啄木除虫救树。到了现代，人们称其为“森林医生”。啄木鸟因其习性而得名。在我国广泛分布的啄木鸟有三种：大斑啄木鸟、灰头绿啄木鸟和星头啄木鸟。这里重点介绍前两种。

灰头绿啄木鸟，中等体型（27 厘米），形如其名，灰头绿身，好似当年关云长的造型，一身绿袍子，头戴灰巾。额和头顶的一点红是区分雌雄的标志，雄鸟前顶冠猩红，雌鸟顶冠灰色而无红斑。灰头绿啄木鸟分布于欧亚大陆，东到萨哈林岛和乌苏里，南到喜马拉雅山、中南半岛、马来西亚和印度尼西亚。广泛分布于各类林地甚或是城市园林。主要栖息于低山阔叶林和混交林，也出现于次生林和林缘地带，很少到原始针叶林中。秋冬季常出现于路旁、农田地边疏林，也常到村庄附近小林内活动。

灰头绿啄木鸟以蚂蚁、小蠹虫等昆虫为主食。它们常单独或成对活动，很少成群。飞行迅速，成波浪式前进。常在树干的中下部取食，也常在地面取食，尤其是在地上倒木和蚁冢上活动较多。平时很少鸣叫，叫声单纯，仅发出单音节“ga ～ ga ～”声。但繁殖期间鸣叫却很频繁而洪亮，声调亦较长而多变，其声似“gao ～ gao ～ gao ～”。4 月上旬，雌雄鸟求偶结对后即开始寻找合适的树干凿洞营巢。据观察，灰头绿啄木鸟多选大斑啄木鸟遗弃的树洞扩修后作为产卵巢，或把原洞巢略加修理使用。在孵卵期，卵如遭破坏，可 2 次产卵。灰头绿啄木鸟孵卵期 15 天，育雏期 27 天，育雏期间由两亲鸟轮流寻食育雏。

大斑啄木鸟，全身黑白红三色分明，后脑勺的颜色是区分雌雄的标志，雄鸟是鲜红色的，而雌鸟是黑色的。大斑啄木鸟飞羽和尾羽是黑白相间的，让它的翅膀和尾巴上也出现黑白相间的横条，之所以叫“大斑”啄木鸟，是因为它翅膀背面有两个特别明显的大白斑。

大斑啄木鸟繁殖期是每年的 5 ～ 7 月，营巢于树洞中，它们营巢的树洞大多是雄鸟在枯

灰头绿啄木鸟（雌性）
陈艳新拍摄

中文名
灰头绿啄木鸟
拉丁学名
Picus canus
中国保护级别
—
IUCN 保护级别
LC

大斑啄木鸟（雌鸟）
黄亚慧拍摄

朽的树干上凿出来的。大斑啄木鸟基本上每年都凿新巢做产卵巢，少数找不到合适的树干凿洞，就把原洞修理后使用。在繁殖季节，经常可以听到雄鸟连续而急促地敲击树干的声音，这种声音有可能是雄鸟在凿洞营巢，但更有可能是雄鸟宣示领域和招引异性的行为。啄木鸟在凿洞营巢的同时，常造成一些健康林木的损伤，在繁殖期健康林木明显被凿率达 10% 以上，被凿过的大树严重的遇大风易折断，啄木鸟中尤以每年凿新巢的大斑啄木鸟造成的影响最为严重。

大斑啄木鸟以各种昆虫为主要食物，它的舌非常长，连接舌的韧带在皮肤内头骨外从后而上地绕头骨一圈之后从一侧鼻孔进入颅骨并固定在颅骨中，因而他们的舌头能够伸出很长，捕捉藏在树木深处的昆虫。它们的食谱中占第一位的是鞘翅目昆虫的幼虫，其次是鳞翅目昆虫的幼虫，此外半翅目的蝽类等也在它们的食谱中，冬春季节昆虫活动较少，它们以各种植物的种子为主要食物。

擅长啄木是啄木鸟们的一大特色。它们各趾的趾端长有利爪，巧于攀登树木。尾羽的羽干刚硬如棘，因此可以用羽尖撑在树干上，和脚并用帮助它们支持体重。嘴强直如凿，舌细长，伸缩自如，攀木觅食时以嘴叩树，叩得非常快，好像击鼓一般。发现树皮底下有虫时，

白背啄木鸟（雄鸟）

就啄破树皮，以舌探入钩取害虫为食。索食时，从树干下方依螺旋式而攀至上方。不过，啄木鸟攀登树木时只会上而不会下，想要向下移动时啄木鸟则只能跳跃，而不能像鸸（shī）科鸟类那样头向下尾向上地向下爬树，上下活动自如。

啄木鸟擅长啄木，为什么却不会得脑震荡？这和它独特的身体结构有关。

头骨的外形和微观结构给啄木鸟提供了很好的抗冲击性能，让它不会因为高速敲击树干而脑震荡。在敲中树干前的一瞬间，啄木鸟的眼睛中的瞬膜也会关闭，防止眼球受伤。啄木鸟的喙有强力的肌肉，在撞击前一瞬间会收缩，形成一个紧致的垫子，把撞击力量传给头骨的下部和后方，跳过大脑。

啄木鸟虽然功劳巨大，不过它们不喜欢抛头露面，更愿意做幕后的无名英雄。由于它们生性谨慎，比较怕人，不愿意“入朝为官”，因而招引它们极为困难。我在新疆的时候，看到很多护林员尝试着在啄木鸟活动的区域搭建了一个个精美的“小别墅”，无论是空间还是舒适度都比它们的树洞强得多，可是啄木鸟们并不买账，宁可独守寒窑，也不攀附高贵。其实办法也不是没有，因为它们爱把家建在枯木上，所以只要不采伐枯树就可以了。

4

远东山雀

松毛虫的克星

2013 年 7 月，我受新疆天东局的委托，对东天山八个林场进行物种资源本底调查。调查的途中我经常听林场的工作人员提到一种叫松毛虫的森林害虫，每年给林场带来很大的损失。其中一位林场的同志问我，“你们学鸟类专业，能不能找到一种鸟对付这些松毛虫呢？”

这确实是一个好思路。松毛虫是危害松林的大敌不假，可是它们身具毒毛、色彩斑斓，也是很难对付的害虫，到底哪种鸟儿可以降服它呢？书到用时方恨少！

后来我对鸟类习性有了更多的了解，发现杜鹃可以对付松毛虫，它们好似生就了一个铁喉咙，对松毛虫毫不畏惧，不仅小的松毛虫，大的成体也敢吃。根据文献记载，在松毛虫猖狂之时，杜鹃一天可以吞食百条以上。

既然杜鹃喜欢吃松毛虫，食量也这么可观，能不能把它们请过来，充分发挥它们的作用避免松毛虫害发生呢？

理想很丰满，现实很骨感！杜鹃自己不筑巢，把孩子寄养在别人家中，实在是不好请啊。此外，我又找到了其它捕食松毛虫的鸟类，如远东山雀、灰喜鹊、画眉、八哥、白头翁等。吃松毛虫的鸟类是不少，可是如何选择呢？这就面临一个请鸟标准的问题。既然用鸟类控制松毛虫，那最好招引本地以松毛虫为食物，并且比较常见的种类。如果数量稀少，捕获量不足，依旧无法降服松毛虫。

远东山雀
李一凡拍摄

中文名
远东山雀
拉丁学名
Parus minor
中国保护级别
——
IUCN 保护级别
——

PARUS MINOR, *Temm & Schleg*

对各种鸟类一一排查之后，我发现远东山雀（以前叫大山雀）就是最佳鸟选。在新疆，远东山雀非常普遍，种群量大，以松毛虫为食物。据文献统计，远东山雀在育雏期（不包括成鸟消耗）每小时能吞食 10 条左右的松毛虫。更为关键的是，长期以来，远东山雀与松毛虫建立了一种稳固的食物关系。松毛虫种群的高峰期，恰恰是远东山雀的繁殖期。因为要喂养后代，在繁殖期间是远东山雀对松毛虫捕获量最大的时候。繁殖期，远东山雀会给羽毛能够反射更多紫外线的雏鸟喂更多的食物，因为在一些鸟类中，鲜艳的羽毛代表个体质量较高。鸟类给这些毛色更鲜艳的子女喂更多的食物是为了保障后代的成功繁衍。

可是如何能请得到远东山雀呢？

这还得从远东山雀的生活史说起！对于鸟类而言，巢无疑是繁殖后代的重要场所。自然环境中远东山雀可以自己做巢，但是做巢的地方和材料有限，并且比较分散。如果我们可以在一个地方集中做些人工巢，招引它们进行繁殖，岂不是两全其美。

通过查看文献资料，我发现楚国忠老师就是通过搭建人工巢来招引远东山雀的。他们在招引区提供了足够的巢址，远东山雀繁殖种群密度增加 2.6 倍。并且楚老师还发现一个有趣的现象：在松毛虫种群密度比较低的情况下，远东山雀对它们的控制作用更好。楚老师的实验结果表明，鸟类一般不能消灭昆虫灾害，更多的作用是防止昆虫灾害。这又是为何呢？

当昆虫暴发时，鸟的生殖潜能、取食习性、种群大小不能在短时间内随之改变，也就无法及时地遏制松毛虫扩张的势头。如果昆虫暴发是局部范围的，鸟类控制的作用就不一样了。因为这块区域的食物突然增多，会有大群游鸟流入，可以抑制或延迟昆虫种群发生灾害。鸟类的主要作用是阻滞或防止昆虫大暴发，或在暴发前抑制昆虫数量。

此外，鸟类不仅可以直接以害虫为食，而且可以通过传播昆虫病原微生物，或者通过改变猎物的微生境间接影响害虫种群。

纸上得来终觉浅，绝知此事要躬行！通过林场调查的经历，我真正意识到，理论知识只有用到实践中才能产生真正的价值，知识要更好地运用，而不应该束之高阁。

远东山雀

图片来自约翰 · 古尔德的《亚洲鸟类版画》

5

欧夜鹰

空中捕虫机

一鸟
一世界
鸟国
奇趣
之旅

To see a world in a wild bird

中文名
欧夜鹰
拉丁学名
Caprimulgus europaeus
中国保护级别
三有
IUCN 保护级别
LC

与夜色中的沙漠融在一起的欧夜鹰
邢睿拍摄

欧夜鹰的拉丁学名是*Caprimulgus europaeus*，Caprimulgus在拉丁语中的意思为“喝羊奶”，这起源于欧洲的一个古老神话，说欧夜鹰会吸吮山羊的奶。当然，现实中欧夜鹰自然不会如此。欧夜鹰，名字里的“欧”暴露了它的出身。欧夜鹰模式产地在欧洲，所谓的模式产地是指这个物种最先被科学家发现、命名的地方。不过，欧夜鹰的活动范围不止于欧洲，它们繁殖于欧洲、亚洲北部、中国北方、蒙古及非洲西北部，迁徙至非洲撒哈拉以南越冬。它们在中国比较罕见，仅活动于新疆荒漠地区。

欧夜鹰名字里的“夜”字，表明了欧夜鹰的习性，它们多在夜间活动，尤其是黄昏的时候最为活跃。很多夜行性的鸟类依靠听力和回声定位，而欧夜鹰不是，它依靠大大的眼睛在夜间定位。科学家在某些种类的欧夜鹰的眼睛里，已发现含有小油滴，这些小油滴有助于它们在空中飞行时提高视觉敏锐度。其捕食方式类似于楼燕，以空中飞舞的蚊虫、飞蛾、甲虫等为食。欧夜鹰的嘴的形态独特，短而宽，嘴须和眼羽形成网状“捕虫器”。鸥夜鹰体羽轻柔，翅尖长，在飞行的时候轻快而无声响。

说到欧夜鹰就不得不说它中国的一个近亲——中亚夜鹰，1929年，英国博物学家弗兰克·卢德洛（Frank Ludlow）在新疆塔克拉玛干沙漠西南角一个被称作固玛的地方（今皮山县境内）采集到了1只成年雌性夜鹰标本，其体型比常见的欧夜鹰略小，羽色稍暗，他将其定名为埃及夜鹰（*Caprimulgus aegyptius*）。1960年，著名美国鸟类学家查尔斯·沃里耶（Charles Vaurie）在其对古北界鸟类分类进行系统整理过程中，发现这只夜鹰标本的体型比埃及夜鹰明显小很多，并且飞羽形态与埃及夜鹰存在明显差异。于是，他重新将其定位一个新种中亚夜鹰（*C. centralasicus*）。可是，此后中国的鸟类学家经过长达50余年的寻找，依旧没有找到中亚夜鹰。由此，在鸟类学上，中亚夜鹰成为跨世纪悬案。

但凡夜间活动的鸟类，白天大多是“近视眼”，如何躲避天敌成为它们能否活下去的关键。即便是猫头鹰这种猛禽，白天也时常会受到乌鸦、喜鹊的欺负，更别提欧夜鹰了。不过欧夜鹰白天会隐身，它们随便在地面上、树枝间，你就发现不了。

为了探究欧夜鹰白天的避敌之策，我曾经专门寻找过它。最终遇见它时，开车的司机还说它像一摊晒干了的牛屎。有这么漂亮的牛屎吗？欧夜鹰的伪装色能够以假乱真，隐蔽性是无与伦比的。森林中的落叶交错相叠，而它静静地趴在树下，羽毛的斑纹和枯枝败叶融为一体，要不是富有经验的内行引领，别人几乎看不到它的存在。它就卧在草丛里，如果没有眼睛，那就是干树枝。

人类利用好多高科技手段，也很难达到完全隐身的效果，欧夜鹰又是如何做到的呢？隐身的奥妙在于，一个特定目标在一定环境背景下能被肉眼清楚地辨别，主要是由于目标与背景的颜色有差别，差别越大越明显。物质的颜色来自于它对可见光的选择性吸收或选择性反射。反射光谱有差别，颜色就会有不同。欧夜鹰身上的色彩、斑纹和周围的环境极为相似，这样就消除或者缩小了目标与背景之间的差别，降低目标的显著性。这便是隐身的奥秘。

对于欧夜鹰来说，隐身并不是万能的，尤其是在繁殖期，常造成“家破鸟亡”的后果。欧夜鹰营巢于植被稀疏的河滩乱石沙地上，为简陋的浅窝状，没有铺垫和遮蔽。雌鸟卧巢期间紧闭双眼，如蛰伏，虽然伪装得极好。可是一些动物包括人类会无意中从此经过，此时的欧夜鹰过分迷恋自己的隐身术，也不去躲避。相比于自然的破坏，欧夜鹰最大的威胁来自于人类，人类破坏其栖息地，大量使用杀虫剂等，对欧夜鹰的种群带来极大伤害。

鸭是人们熟知的动物之一，泛指雁形目鸭科的水禽，常见的如绿头鸭、赤麻鸭、绿翅鸭等。早在2000多年前，家鸭就被人类驯化。虽然同为鸭，古人对于家鸭和野鸭的叫法不同，古代称呼野鸭为“凫”，称家鸭为“舒凫”或“鹜”。早在商周时期，古人就常将青铜酒尊做成鸭子样子，被称为凫尊。古人认为鸭子水性好，出入于水而不溺。寓意饮酒者能以礼自防，不沉湎败德。战国之后，鸭子的造型多被做成香盒或香薰状，最早的鸭形香盒出土于曾侯乙墓。古人认为鸭有如期守信的美德，著有《说文解字系传》的南唐文字学家徐锴说：“鸟之孚（孵）卵皆如期，不失信也……鸡二十日而化，鹜三十日而化，皆如期也。”（语见《埤雅》）。隋唐科举制兴起之后，由于“鸭”与“甲”谐音，所以鸭寓意科举之“甲”，鸭纹便成为金榜题名、位列三甲的象征。自宋代以后，鸭纹成为瓷器的一种典型装饰纹样。

六

科甲取士

1

白头硬尾鸭

唐老鸭

一鸟
一世界
鸟国
奇趣
之旅

To see a world in a wild bird

新疆乌鲁木齐市的郊区，有一个小的湖泊，当地人称为白鸟湖。有一种叫白头硬尾鸭的鸟儿每年不远万里来此繁殖。很多人可能对于白头硬尾鸭感到陌生，它另一个身份，就广为人知了。白头硬尾鸭就是大名鼎鼎的唐老鸭的原型。2012 年，我来到新疆，当时马老师让我选择白头硬尾鸭作为研究对象，从此与这种鸟儿结缘。

白头硬尾鸭以前在中国没有分布，仅仅作为迷鸟被记录过两次，一次是在内蒙古的鄂尔多斯，一次是在湖北洪湖。2007 年的时候，新疆观鸟会成员在乌鲁木齐近郊的白鸟湖发现了它们，当时一共记录到 57 只。不知何故飞到此处，后来它们就在白鸟湖繁殖，以后虽然没有再见到过那么多只，但是每年都有几对。

依稀记得跟随马老师第一次见到白头硬尾鸭的场景。我们费了好大力气在芦苇边缘看到白头硬尾鸭雄鸟，它和周围其他鸭子不同，身材微胖，嘴巴蓝蓝的，尾巴翘起来。或许正是因为它可爱、卡通的形象，才使得后来唐老鸭能够风靡全球吧。和雄鸟的形象不同，雌鸟低调多了，它们体型小得多，浑身褐色，头部有一道白色的横纹。

随着观察的深入，我渐渐熟悉了它们的活动轨迹。白头硬尾鸭很懒，湖中的绿头鸭、赤麻鸭，每天都围着湖转。而白头硬尾鸭的活动范围仅限于湖东部水域，湖的西面根本不去。它们的生活节奏往往是两点一线，往返于巢区和觅食区之间。早晨和

白头硬尾鸭

中文名

白头硬尾鸭

拉丁学名

Oxyura leucocephala

中国保护级别

三有

IUCN 保护级别

EN

下午有两个觅食高峰，中午是它们午休的时刻。觅食的时候，它们潜入水下，一般持续15～30秒。湖中的藻类、水生昆虫都是它们的食物。

每年4月初，白头硬尾鸭从越冬区迁徙到白鸟湖。没有人知道这里的白头硬尾鸭具体来自哪里，或许是欧洲、地中海地区、西亚、北非，那里是它们的越冬区。2012年的时候，两对白头硬尾鸭把巢建在白鸟湖的东南部，那里有一片芦苇区，可以躲避天敌、构筑巢穴。湖周围的牧民为让芦苇更快地生长，将湖东南的芦苇地全部烧光了。家园被毁，它们围着湖一圈圈转悠，好像离家的孩子找不到回家的路。我以为，白头硬尾鸭会就此离开这里。格外担心自己的研究计划能否顺利进行。没想到三天后，它们便在湖东北找到了新的安身之所。看来白头硬尾鸭是这么依恋这片土地，家园被破坏也不离去。从此以后，它们就在湖的东北部安家了。

为了繁育后代，白头硬尾鸭夫妇不辞劳苦。繁殖期的时候，两个家庭的雄鸭结伴一同把守进出巢区的水道。其他鸭子一旦进入，它们就立即驱赶。你别看平日里这么呆萌的鸭子，在保卫自己巢区方面一点都不含糊。它们把脖子往后一缩，下巴紧贴水面，后掌快速拨水，在湖面上急速滑行，犹如一艘快艇，以此驱赶来犯之敌。旁边游玩的绿头鸭立即躲开，一旁觅食的黑水鸡夺路而逃，还在潜水的凤头鸊鷉溜之大吉……我第一次对它们侧目，没想到这么呆萌的鸭子如此勇敢。

为了搜集数据，我不得不进入它们的巢穴。那时正值五月份，我一个人脱了裤子就下水，芦苇扎得脚生疼。当我穿过芦苇，进入一片开阔的水泡子，距我不足十米处白头硬尾鸭夫妇呆萌地看着我，没有躲闪，也没有驱赶。可能它们也知道驱赶我这个大块头也没有用。转眼间，雌鸟钻进了芦苇丛，而雄鸟依旧与我对峙，监视我的一举一动。雌鸟完全进入芦苇丛，雄鸟也准备撤离，它往前游了一会还转头看看我。我跟在它后面，绕了一圈，才发现自己上当了，它是带我远离巢区。其实我发现它们的时候，巢就在附近。雄鸟在我面前掩护雌鸟撤退，再以自己作为诱饵，带我离开巢区。经此一幕，我真的不忍心再打扰它们。直到最后，我的毕业论文里也没有白头硬尾鸭巢和卵的数据。因为这事我受到很多批评和指责。唉，我也不想辩解什么，就是不愿意打扰它们。

更换巢区后的白头硬尾鸭夫妇，后面又产了一窝卵，雏鸭也顺利孵出。可是由于生长期短，到了迁徙期的时候，雏鸟依然不具备飞行的能力，无法迁徙。往年9月中旬，它们就该飞走了，可是白头硬尾鸭夫妇一直等待它们的孩子，陪伴着、鼓励着孩子在湖边练习飞行。一天一天过去了，别的鸟儿都已经陆续离开。它们还是在等待、坚守，希望孩子尽快成长，赶上迁徙的末班车。直到10月初的时候，它们不得不走了，只好将孩子遗弃。白头硬尾鸭夫妇这一年的努力就这样白费了。没想到，2016年一群盗猎者盗走了一窝白头硬尾鸭的卵。后来被巡护队发现、截获了，听说孵化出一只叫“希望”的雏鸭，放归了。遗憾的是，这只雏鸟在放生后的第三天被发现死在了排污口。

这些年来，乌鲁木齐城市开发速度越来越快，白鸟湖四周的土地都陆续被开发。即便如此，白头硬尾鸭依旧不离不弃，从第一次在这里发现它们到如今已经十多年了。白头硬尾鸭忍受污染、噪声、偷猎，却依然依恋着这片土地。可是四周日渐喧闹的城郊却已经容不下这群孤寂的生灵。2017年5月7日，芦苇荡边，白鸟湖巡护队队长岩蜥打捞起一具白头硬尾鸭的尸体，是雄性亚成体。在它的头部发现一颗8毫米的钢珠，显然这是人类所为！我不知道这只白头硬尾鸭中弹时的场景，或许是本能地躲避，或许是不想让这批偷猎者最后践踏自己的身体，或许是为了让同伴进行躲避……它挣扎着游进了芦苇荡。

我不知道杀死它的人怀着怎样的目的，湖边的牌子上赫然挂着白头硬尾鸭的照片，写着它的保护等级——国际濒危鸟类，全球数量不足1万只。无知不是杀戮的借口！漠视生命、藐视自然，视法律为儿戏，以杀戮为娱乐，才是罪恶的根源！

近年来，随着中国科学院新疆生态与地理研究所的马鸣研究员，荒野新疆的西锐、丫丫、岩蜥、大相、Lisa，新疆观鸟会的苟军、王传波等各界护鸟爱鸟人士的奔走呼吁，在当地政府的积极努力下，白头硬尾鸭被列为自治区一级保护动物，受到保护和关注，数量出现回升。2018年10月25日，《新疆晨报》发布以《环境向好，白鸟湖白头硬尾鸭数量累计增至31只，达十年来最高》为题的报道。报道称，“随着乌鲁木齐白鸟湖生态环境向好发展，今年湖区白头硬尾鸭数量已累计增加到31只，达到十年来最高值。而湖中的野鸭等水鸟数量也有所增多。”

人类的保护性工作对鸟儿的生存正产生积极意义，保护城市周围的湿地，为鸟类留住一片乐土，是我们共同努力的目标。

2

斑嘴鸭

大嘴鸭

斑嘴鸭，顾名思义，因其嘴巴特点而得名，它的嘴黑而嘴端黄，繁殖期黄色嘴端顶尖有一黑点，如同花斑。此外，它还要一个文雅的名字叫夏凫，凫指野鸭，出自《诗经·凫鹥》。

除了嘴巴的特征外，外形上斑嘴鸭和普通的家鸭非常相似，当然野外也有发生基因突变的情况。2011 年《南昌晚报》报道“婺源现罕见白化斑嘴鸭”。这就是由普通野生斑嘴鸭基因突变而形成的白色的斑嘴鸭。斑嘴鸭虽然是野鸭，不过却很常见，它们主要栖息在内陆各类大小湖泊、水库、江河、河口、水塘、沙洲和沼泽地带。

民间谚语“鸭子吃蜗牛——食而不知其味”，形象地说出鸭子吃东西的特点。斑嘴鸭没有牙齿，仅有少数用于过滤水的小牙齿，它们以水生植物的叶、嫩芽、茎、根和松藻、浮藻等水生藻类为食，也吃谷物种子、昆虫、软体动物等。

斑嘴鸭繁殖于中国东部，冬季迁至长江以南，近年来也在山东等地越冬。每年 9 ～ 10 月份，斑嘴鸭从西伯利亚一带及我国东北迁徙至越冬区，翌年 3 月迁回。斑嘴鸭通常在 6 ～ 8 月龄性成熟，体重在 0.8 ～ 1 千克，可达到性成熟，参与繁殖。斑嘴鸭雌雄之间的求偶、交配多在水中进行，主要集中在早晨。雄性斑嘴鸭在水中追逐雌性斑嘴鸭，用嘴巴啄住雌性斑嘴鸭颈部羽毛，跳至雌性背部，完成交配过程。

和大多数鸭子一样，斑嘴鸭虽然名义上是一夫一妻制，但多是露水夫妻，一年换一次。有时候，

斑嘴鸭
李一凡拍摄

中文名
斑嘴鸭
拉丁学名
Anas poecilorhyncha
中国保护级别
三有
IUCN 保护级别
LC

繁殖期一只雄鸭可以和十几只雌鸭交配。斑嘴鸭的繁殖期在 4 ～ 7 月，营巢于湖泊、河流等水域的岸边草丛中或芦苇丛中。巢主要由草茎和草叶构成。产卵开始后，雌鸭从自己身上拔下绒羽垫于巢的四周，甚为精致。雌鸭每窝产卵 8 ～ 14 枚，通常 9 ～ 10 枚。

科学家发现，雌鸭晒太阳有利于产卵。怪不得诗经中有“凫鹥在沙”的描述，原来繁殖期的时候，很多野鸭类待在河边或者小岛上晒太阳是为了有利于多产卵。它们的卵呈乳白色，光滑无斑。孵卵由雌鸟承担，到雏鸭快孵出来的时候，雌鸭不会轻易离开巢穴。雄鸭不仅不负责孵卵，它们还会在雌鸭孵卵的时候，出去“鬼混”，寻找同性或者异性朋友。寻找异性朋友可以理解，斑嘴鸭本来就好色。可是为何要找同性朋友呢？原来在鸭群里，同性恋的比例是非常高的，接近 20%。

斑嘴鸭的孵化期为 24 ～ 25 天，雏鸭临出壳的时候，将卵放在耳边可以听到细微的叫声。卵内雏鸭会花费 1 ～ 3 个小时的时间在卵的钝端叨破一个小孔，休息一下。紧接着，再次叨壳，直到雏鸭叨破第一片卵壳。待到秋季 9 月份，雏鸭随着大群一起迁徙到越冬地。在越冬期，斑嘴鸭通过多种方式来减少能量支出，比如，入冬前换好羽毛，增加羽衣的隔热能力；积累脂肪，储备足够的能量；减少活动，节约能量支出。

斑嘴鸭是我国家鸭祖先之一，野生种群极为丰富，也是我国传统狩猎鸟类之一，每年都有大量的猎取量。但近年来，由于过度猎取，加之生境条件恶化，致使其种群数量日趋减少。

3

普通秋沙鸭

废物鸭

中国有4种秋沙鸭，即白秋沙鸭（斑头秋沙鸭）、中华秋沙鸭、红胸秋沙鸭和普通秋沙鸭，其中普通秋沙鸭是秋沙鸭中个体最大、数量最多、分布最广的一种。别看普通秋沙鸭名字平平无奇，可是给它起名的人，却大有来头。1758年，瑞典博物学家林奈第一次描述了普通秋沙鸭。普通秋沙鸭繁殖于北美洲北部和欧亚大陆，南下到美国南部和中国中部过冬。冬季和迁徙期间在中国东部和长江流域是常见的，而且种群数量较大，遍布于各种湖泊、山区溪流和低地。

在众多鸭类中，普通秋沙鸭相貌算不上出众，但是出奇，属于那种看一眼就可以记住的类型。先看它的头羽，繁殖期雄鸟头及上颈部黑绿色，带有金属光泽，与光洁的乳白色胸部及下体形成对比。雌鸟头棕褐色，上体深灰，下体浅灰。最为奇特的是普通秋沙鸭的嘴部，它嘴部红色，端点带有黑斑，嘴细长，尖端钩状，喙部为锯齿状。鸟类中，猛禽的喙部带有明显的钩状，俗称“鹰勾”，这种特征的喙有利于撕咬猎物。有此嘴型，反映了普通秋沙鸭的捕食特点，它们极其擅长捕鱼。普通秋沙鸭常在湖泊、水库、池塘或沼泽地中活动和觅食，善于潜水，在水中以追捕鱼、虾、水生昆虫等动物性食物为主，亦采食少量的水生植物。

普通秋沙鸭擅长潜水捕鱼，平日里它们在水面上静静地漂游，时刻关注水下的动静，一旦发现目标，就一个猛子扎到水里去，犹如一只行动自如的

普通秋沙鸭

中文名
普通秋沙鸭
拉丁学名
Mergus merganser
中国保护级别
三有
IUCN 保护级别
LC

小快艇。鱼儿发现普通秋沙鸭后，个个吓得丢魂失魄，慌不择路地乱钻一气，普通秋沙鸭则胸有成竹地将它捕捉。其中合作捕鱼是它们的一大特色。普通秋沙鸭会结成3～5只或7～8只的小群，在水面上游荡，密切监视水中的动静。如果发现了水中的鱼群，它们不会立即行动。此时如果贸然行动，很可能会惊动鱼群，迫使猎物向深水处逃走，这不是普通秋沙鸭们希望看到的情况。既然聚在一起，就要大干一场。随后，它们会有计划地行动。普通秋沙鸭会围成一个半圆形的包围圈，首先切断鱼群往深水中逃跑的路线，而后将鱼群往浅水处驱赶。鱼儿受惊，腹背受敌，前后瞎撞，有些竟然飞出水面。一旦鱼群到了浅水处，普通秋沙鸭就可以轻而易举地捕捉猎物。普通秋沙鸭的包围圈越收越紧，鱼儿被挤到一起，搅拌得河水沸腾起来，普通秋沙鸭们便用它们强劲的嘴巴开始捉鱼。除了部分漏网之鱼，鱼群中大部分命丧普通秋沙鸭之口。

普通秋沙鸭种群在中国之所以能够繁殖壮大，成为秋沙鸭中数量最多、分布最广的一种，得益于它们肉味腥臭，人们不喜欢食用，俗称废物鸭。

4

中华秋沙鸭

国宝鸭

众多鸭科水禽中，有一种冠以中华之名，非常独特，它便是中华秋沙鸭。仅从外表来看，它头上长着冠羽，两胁覆盖鳞片状花纹羽毛，并不出众。出众的是中华秋沙鸭的身世背景，这是世界上最古老的鸭子，在地球上至少繁衍生息了 1000 多万年，是第三纪冰川期后残存下来的物种。中华秋沙鸭是东北亚地区特有水禽，数量稀少，属全球濒危鸟类。其分布区域十分狭窄，主要繁殖于我国的长白山、小兴安岭及俄罗斯远东地区的老龄天然杨树林中。越冬于中国长江流域及东南沿海，大群较为集中的越冬地在江西弋阳。

中华秋沙鸭 3 月初至 4 月上旬迁徙到长白山繁殖地。它们在越冬地就有求偶行为，也有一些来到繁殖地后再求偶。在长白山地区的求偶与交配行为多出现在 4 月初至 4 月末。鸟类学家赵正阶（1995）在《中华秋沙鸭繁殖期的行为》中，对于中华秋沙鸭在繁殖期的行为进行了详细的观察和记录："雄鸟的求偶炫耀首先是从在雌鸟面前兴奋地来回游弋开始的。它有时举头张嘴，将头拉向后，有时又将头沉入水中，然后又将身子从水中跃出，不停地扇动着两翅，然后再游向前面，反复做出上述求偶炫耀表演，向雌鸟表示爱情。如果雌鸟接受雄鸟的求爱，则从后面跟上来，用嘴咬雄鸟右翅膀基部，雄鸟立刻扭转头，与雌鸟做出咬嘴等亲昵表示。这一动作完成后，雌鸟立刻游向前面，然后又返身扭头，再次用嘴咬雄鸟右翅膀基部，然后再游向前面。雄

中华秋沙鸭（雄性）
李欣蔚绘

中文名
中华秋沙鸭
拉丁学名
Mergus squamatus
中国保护级别
Ⅰ
IUCN保护级别
EN

鸟立刻咬住雌鸟腰部羽毛，上到雌鸟背上，然后再咬住雌鸟头部羽毛进行交尾。”

至于具体的交配过程，易国栋等（2008）在《中华秋沙鸭繁殖习性初报》中有较详细的描述：“它们的交配在水中进行，交配时雄鸭窜到雌鸭背上，泄殖腔相接，共同在水面旋转完成交配，一次交配持续时间平均为10秒，交配后游离交配地点，一般雄鸭在前，雌鸭尾随其后。”

求偶交配期间，也不总是那么顺利。雄性之间也会发生争偶现象，目的是为了争夺对雌鸭的交配权。争偶时两雄鸭在水中竖直身体，拍打着翅膀，彼此猛烈地冲向对方，用嘴撕咬和翅膀拍打。经过一番争斗，失败的雄鸭被迫逃离。而获胜的雄鸭则和雌鸭结成繁殖对。

中华秋沙鸭配对后就开始寻找巢穴，它们对营巢树种的选择并不严格，榆树、杨树腐烂的树洞都可以做巢。不过这样的洞穴也是一些鸟类如鸮形目猛禽的理想筑巢地，因此与其存在竞争。巢与巢位的选定取决于雌鸭，但寻找巢洞却常常是在雄鸭的伴随下进行。在4月初结成对以后，雌雄中华秋沙鸭即经常出现于河流两岸老龄树木间寻找适宜的天然树洞。有时雄鸭在前寻找，雌鸭紧随其后，雄鸭找到适宜

中华秋沙鸭（雌性）
王玉娇绘

的树洞后雌鸭再进入洞中察看，雄鸭在一旁守候。如不满意，再继续找。在选择树洞时，雌鸭警觉性很高，如发现有人在偷看，它常常不进洞，或进入附近并不是巢的树洞给人以假象。这显然是为了保护巢。中华秋沙鸭的雏鸟在刚刚孵化出来的一两天之内，要从树洞里跳出来，然后快速进到水中，所以通常中华秋沙鸭选择距离水体较近的树营巢。

中华秋沙鸭巢的底端不加修葺，直接将卵产于树洞底部，在卵的周围覆盖由胸部脱落的绒毛。选好巢后，雌鸭开始产卵，通常一天一枚，窝卵数 8 ～ 14 枚，以 10 枚居多。雌鸭在产完最后一枚卵后即开始孵卵，而雄鸭在孵卵期间则很少出现在巢区。它通常在完成交配任务后即离开雌鸭单独活动，不参与孵卵和育雏，孵卵和育雏全由雌鸭独自承担。孵化期 28 天左右，雏鸟为早成鸟，在巢中待 24 ～ 28 小时即可离巢。

中华秋沙鸭分布的区域水质清澈，水流急缓结合，取食于急流下面的缓水区，于急流处嬉戏及游泳，休息多在突出的石块上。该物种无论繁殖还是越冬对环境的要求都非常苛刻，因而适宜的生境很少，随着近年来环境污染破坏的加剧，致使中华秋沙鸭分布区不断收缩，种群数量不断减少。

5

绿头鸭

祖先鸭

2017 年的元宵节，我和往常一样来到奥林匹克森林公园。公园里特别热闹，南门大草坪上人声鼎沸，和安静的湖面形成鲜明的对比。虽然中午气温已经升到八九度，但湖面依旧冰封，只有靠近南门一面的冰融化了。

冰与水交融的界面，一大群绿头鸭栖息在上面。即便是那些不认识鸟的人，靠蒙也能猜出它的名字。它的名字就写在头上。雄鸟有显眼的绿色的头，因此，得名绿头鸭，它是家鸭的祖先。旁边灰色的是雌鸟，相比于雄鸟，雌鸟颜色要暗淡得多。这里是鸟儿的世界，绝大多数雄鸟都长得比雌鸟漂亮。雄鸟直接要靠艳丽的羽毛去竞争，而雌鸟长得越低调，越有利于回避天敌。它们真会选地方。这一块靠近湖中央，处于湖面冰水交接的位置，任何人也无法接近。虽然早已习惯这里的人们，可是它们的生活依旧不愿与人类靠得太近，这大概就是距离产生美吧。

冰面上有一群绿头鸭，大概有上百只，它们多是成双成对。然而，绿头鸭只不过是露水夫妻，一年换一次，根本不忠贞。甚至家鸭配种的时候一只公鸭可以有 20 多个老婆！其实鸭子的叫声不仅仅是“嘎嘎”。虽然“嘎嘎”最常听到，但是其实鸭子有很多种声音，雌雄鸭的叫声不一样，交配前中后期的叫声也不一样。

很多游客对于绿头鸭的出现感到诧异，在一般人的印象中，候鸟应该到南方去越冬，为何它们赖在这里不走？于是人们不自觉地就想到，这是不是人工养的啊。其实不然，绿头鸭不是公园饲养的。

冰面上对比鲜明的雌雄绿头鸭

中文名

绿头鸭

拉丁学名

Anas platyrhynchos

中国保护级别

三有

IUCN 保护级别

LC

水中的雄性绿头鸭

它们分布非常广泛，适应能力很强，只要有一片开阔的水域、充足的食物，它们就可以在此生存。奥林匹克森林公园是北京市区最大的绿地，这里水面开阔，绿化又好，聪明的鸭子怎么会错过这片风水宝地。

它们的来历，主要有两个：一是这里的留鸟，二是从更北的地方迁徙过来的。很有可能是二者的混合群。近年来，气候变暖趋势明显，很多鸟儿改变了迁徙的规律。原本要到更南的地方越冬的鸟儿，留在了北方。比如，乌鲁木齐的大天鹅本来要到南亚的印度越冬，如今一部分群体留在石河子了。春江水暖鸭先知，鸟儿比我们对环境变化的感知灵敏得多。

冰面上的鸭子大部分在休息。这和我夏日里看到的场景大相径庭。夏季里，这里的绿头鸭，一天中有一半的时间在水中觅食。如今，天寒地冻，食物短缺，它们只能减少运动，降低能量的消耗。这便是它们越冬的策略。冬季越冬的鸟儿喜欢集群，靠在群体中可以更好地防御天敌。另外，群体可以改变微气候，让每个个体获益。它们在休息，可不要以为它们呆。它们有两种睡姿：绝大多数单腿站立，一只腿缩到腹部羽毛中，另一只腿支撑着身体，它们的平衡能力非常好；少数鸭子，腹部贴在冰面上，以类似孵卵的姿势休息。你看，群体中那只，时不时睁开眼，它在警戒周围。群体中的鸭子，眼睛那可是半睁半闭，这是它们的独门绝技。睡眠中，它们大脑一半处于清醒状态。

群体中有几只鸭子有些不合群，它们从冰面下到水里。看来是饿了，或者是在冰面上待久了，下来活动下身子。它们伸出长长的脖子伸到水下寻找吃的。寒冷的季节中，水中植物还没有萌发，水生的小动物们还没有开始活动，此时只能是弄点小零食。看着它们在陆地上走路一摇一摆非常笨拙，可是在水中却非常灵活。它们将腿伸直，脚掌拨动水面前行。可是在鸭子中，它们却算不上游泳的高手。雁鸭类的鸟儿，几乎个个会游泳，能在水面上滑行，类似于人类仅仅会走路，算不上田径健将。想要成为游泳高手，还得会潜水才行。绿头鸭虽然也能将头伸入水中待个几十秒，但至多算憋气，远远达不到潜水的水准。同类中的潜鸭是潜水的高手，比如白眼潜鸭、红头潜鸭、白头硬尾鸭。

会潜水的鸭子不在此处，不过旁边有个小家伙却在不停地给我们上演潜水表演。它一个猛子扎到水里，半天不见身影，几十秒后，才在附近的水面出现。它从外形上看如同一只雏鸭，很多人都将它误以为是野鸭子，其实人家和鸭子既不沾亲，也不带故，这是一只小䴙䴘。

何为勇士？鲁迅先生有言：“真的勇士，敢于直面惨淡的人生，敢于正视淋漓的鲜血。”人类世界如此，鸟类世界也一样。奥林匹克森林公园的一处湿地上，一对小鸊鷉夫妇正在筑造巢穴，它们命途多舛，狂风、暴雨、外敌入侵一次又一次地摧毁它们的巢穴。面对惨淡的鸟生，小鸊鷉夫妇重整旗鼓，一次又一次地重新搭建巢穴，它们靠坚强勇敢最终构建成一处希望之巢。天有不测风云，鸟有旦夕祸福，危险面前，真正的勇士不会退缩。当天敌入侵家园，巢中孩子危在旦夕时，小小的金眶鸻、黑翅长脚鹬拿出拼命的架势向入侵者宣战，它们用生命呵护子女的平安。这些小小的鸟儿在危险面前展现出的勇气令人肃然起敬！

七

勇者无敌

1

小䴙䴘

勇敢的父母

一鸟
一世界
鸟国
奇趣
之旅

To

see

a

world

in

a

wild

bird

奥林匹克森林公园北部有一个小湖，长满了荷花，微风吹拂，荷叶轻摆。2017 年春，我透过荷叶的缝隙，隐隐约约看见一个黑色的平台高出水面，一鸟端坐于上。且看此鸟，小尖嘴，红头发。不知道的多以为是野鸭子。其实，此鸟除了外形上乍一看像鸭子外，和鸭子八竿子打不着，这是一只小䴙䴘。如果硬要攀亲带故的话，只能说，它们都是鸟。䴙䴘属于䴙䴘目，鸭子属于雁形目，都已经跨目了。

这只小䴙䴘在干什么呢？它在孕育新的生命，也就是在孵蛋。可是如今别的䴙䴘目鸟类的孩子都已经开始在水中觅食了，为何此鸟还在孵化，不会是响应号召生二胎吧？其实，䴙䴘目鸟类在同一年的生育中，如果卵受到破坏，雌鸟会再产一窝，形成当年的二胎。可是，这只鸟我确定不是，因为从它们产卵到现在，除了它老公外，就我最殷勤，几乎每隔一天会来看一次。对于雌鸟的经历，我是略知一二。

早在四月下旬，雌鸟和雄鸟已开始在水面奔波。它们要为给将来的孩子找个安家之所。小䴙䴘出壳后需要好的地方觅食、游泳、潜水，这里水面虽大，可以建巢的地方并不多。小䴙䴘夫妇选择在距离岸边十余米的地方建巢。法国谚语：“人类什么都可以模仿，鸟巢除外”。小䴙䴘的巢是浮巢，在水面上搭建起来一个平台。整个巢分为水下部分和水面部分。水下的部分类似于人类建房打的地基，打好地基才能起高楼。小䴙䴘的巢不在于高，而在于稳。

小鹏鹛

要经得起水面的风浪。可是如何稳呢？这就需要有固定物。以往的时候，水面上的芦苇没有收割，小鹏鹛会将巢固定在芦苇上。可是园区的工作人员把露出水面的芦苇都割掉了，这给小鹏鹛夫妇营巢带来了挑战。但它们依旧不惧挑战地忙碌着。巢材因地制宜，用蒲草、芦苇的叶子搭建。它们不断潜入水中，辛辛苦苦搭建一周后，上面的部分已经成形，眼看大功即将告成。谁料，天有不测风云，夜间狂风大作，将刚刚露出水面的巢吹得七零八落，一周的努力付诸东流。但是小鹏鹛夫妇没有放弃，它们在残留的巢的基础上继续开工。夫妻配合，雄鸟运输巢材，雌鸟开始搭建，夫妻搭配，干活不累。没过几天，巢终于又初具规模，这下总算可以成功了。可是，命运再次跟这对夫妻开了个玩笑，由于气压低，鲤鱼们纷纷出水面透气，而一条红色大锦鲤在出水时将它们的巢顶翻了。小鹏鹛虽然善捕鱼，可是面对这样一条锦鲤也是无可奈何。

无奈，小鹏鹛夫妇只得更换地方，在附近另起炉灶。眼看别家小鹏鹛早已经产下卵在孵化，它们还在苦苦搭建。命运面前，要么坚守，要么认怂。显然，小鹏鹛夫妇不会轻易放弃，筑巢大业还得继续。第二天，小鹏鹛夫妇在周围另选新址继续筑巢。奈何，鸟命多舛。走了锦鲤，来了巴西龟。小鹏鹛巢刚露出水面，巴西龟从水中爬上巢晒太阳。巴西龟大家都不陌生，它们属于外来物种，原产北美密西西比河及格兰德河流域，作为宠物来到中国，花鸟市场随处可见，因价格低廉，经常被一些慈悲人士放生。巴西龟繁殖周期短、适应性极强，在中国迅速建立起自己的种群，在我国野外呈迅速蔓延之势，成为令人头疼的入侵物种，对本土物种的生存造成极大的威胁。巴西龟很喜欢爬到水面上的物体上晒太阳，眼见这个平台，迅速霸占，攀爬上去的肥硕巴西龟将小鹏鹏夫妇搭建的巢穴毁于一旦。

小鹏鹏夫妇没有气馁，它们重整旗鼓，在原来的基础上再次搭建巢穴。还是雄鸟搬运巢材，雌鸟在上面搭建，一层又一层，每添加一层巢材，它都用力踩结实。临近产卵，这次必须确保万无一失。就这样，在夫妻俩通宵达旦的合作下，第二天一早，一座崭新的巢穴搭建完成。几天后，雌鸟在上面产下了卵。这时候它们迎来了一个利好，池塘中的荷花长了出来，荷叶将巢穴遮挡得严严实实。这样有利于小鹏鹏夫妇安心孵卵，避免天敌和外界干扰。几周之后，池塘里迎来了新的生命，小鹏鹏破壳而出。父母的坚持终于换来了希望。

中文名

小鹏鹏

拉丁学名

Tachybaptus ruficollis

中国保护级别

三有

IUCN 保护级别

LC

小鹏鹏一家

2

金眶鸻

舍身护子

2013 年夏季，我在白鸟湖观察白头硬尾鸭的时候，经常在湖边看到一只小巧的鸟儿，它最显著的特点是眼睛周围有一圈金黄色，如同带着一副金丝眼镜，因此得名金眶鸻。金眶鸻平日活跃在湖边。没到繁殖期的时候，它们异常活跃，会经常出没在周边。

一提到鸟巢，大家可能会想到喜鹊的球形巢，或者攀雀的编织巢，它们一个个精妙绝伦，卵在里面温暖又安全。再看看金眶鸻的巢，可以说根本算不得正儿八经的巢。它们在地面上找个低洼处，随便垫些干草就可以产卵了。由于巢比较简单，看起来甚至不足以保护卵的安全，如果仅仅从巢进行判断，那金眶鸻父母算十足的马大哈，对于孩子缺少关爱。

像鸻鹬类这样认真负责，敢于豁出生命保护卵或幼雏的爹妈，为什么它们营巢却如此草率呢？如果你真的认为是这样的话，那你（和那些天敌中的大多数一样）可就被这些表面现象所蒙蔽了。草率的背后，是精心的谋划。

金眶鸻并不在巢上下功夫，它们的卵别具特色。鸟类学家郑光美在《科学家大自然探险手记·鸟之巢》一书中告诉我们：在地面筑巢的鸻鹬类鸟是动物界中以保护色来适应环境的突出例子，其卵壳颜色、上面点缀的斑点与周围的环境浑然一体。与卵壳的保护色同理，孵卵的雌鸟也都身着一身迷彩，羽毛的颜色大都是土棕色，与土地、杂草浑然难辨。

金眶鸻的卵和周围沙土的颜色如出一辙，即使离得很近也很难区分，这种具备天然保护色的卵可以很好地避免天敌的袭击。因此，它们不需要巢多么复杂就足以保证安全。可是，如果有哪只不长眼睛的动物一不小心踩到金眶鸻的卵怎么办呢？

这个时候就轮到金眶鸻爸妈表演了。

我曾经在白鸟湖附近散步，突然一只金眶鸻飞到我头顶叽叽喳喳叫个不停。一般而言，鸟类遇见我这只“两脚兽”无一例外都是逃之夭夭。即便是遇见猛禽如金雕，也不会如此。我陷入沉思，此鸟仅比麻雀略大，为何在我头顶驱赶我。顶着金眶鸻的狂轰滥炸，我硬着头皮往前走了几步。此时，另一只金眶鸻从地面斜刺起飞，我之前竟然没发觉它在附近。顿时，我明白了，前方是它们的巢区，我无意中踏入了它们的地盘，于是它们对我展开了驱赶。我只好识趣离开。

我走远后，金眶鸻才平静下来。在孩子面对危险的时候，它的勇气令我吃惊。小小的一只鸟儿在妻儿遇到危险时不惜舍命一搏。金眶鸻，令我肃然起敬。

金眶鸻

中文名

金眶鸻

拉丁学名

Charadrius dubius

中国保护级别

三有

IUCN 保护级别

LC

3

棕尾伯劳

暴力哲学

棕尾伯劳

能吃蛇的鸟，在我们的想象中一定是那些大型的鹰、雕类。说出来可能会令你惊讶，有一种小型鸟类也能吃蛇，那就是棕尾伯劳。这种鸟属于雀形目，和我们日常看到的麻雀是一个大家族的。

伯劳虽是雀形目鸟类，却有着猛禽一般的凶猛，它的喙部具弯勾，爪子锋利，简直就是缩小版的猛禽。伯劳捕猎能力超强，蟾蜍、蜥蜴、昆虫、小蛇都在它的食谱范围内。伯劳捕猎后有一大特点，就是喜欢把猎物挂在带有刺的树枝上。我们在木垒经常可以发现沙枣上有沙蜥的尸体。伯劳为何如此呢？鸟类学家有好几种解释。有一种说法认为，伯劳的腿部力量不够，无法像猛禽一样摁住猎物进行撕扯，所以只好将猎物挂在树枝上固定住，用喙进行撕扯。第二种说法认为，伯劳把猎物挂在树枝上是一种存储食物的行为，如同星鸦把种子埋在地下。鸟类多具嗉囊，可以在体内存储些食物延缓饥饿，而伯劳没有嗉囊，这就意味着它要不停地取食。即便是再厉害的猎手也不能保证每次都可以得手，为了以备不时之需，伯劳只好多捕捉猎物，挂在枝头上，如同我们过年准备的腊肉。还有一种说法认为，伯劳在树枝上挂食物是一种领域行为，宣示那里是自己的地盘。

最能彰显伯劳勇猛的还是要数其以小博大的本事。2013 年，我在新疆克州水库观鸟，

曾经目睹棕尾伯劳捕捉棋斑水游蛇的场景。

对峙的双方，一方为棋斑水游蛇，另一方为棕尾伯劳，但见棋斑水游蛇头部高高翘起，身体三分之一已经直立，不断移动，同时发出响亮的嘶嘶声。而另一方的棕尾伯劳，暂且处于守势，不断地横向移动，避开与棋斑水游蛇发生正面冲突。几个回合之后，棋斑水游蛇有些力不从心，而棕尾伯劳突然飞起，绕到棋斑水游蛇的背后，对准棋斑水游蛇的后背，猛然一击，随后猛烈地晃动棋斑水游蛇。短短的两三分钟战斗结束，棕尾伯劳带着它的战利品乘空而去。

最近科学研究发现，伯劳之所以能够以小博大，在于其在战斗中奉行的“摇晃”策略。一般情况下，伯劳暴力叼住猎物脖子后，会用力进行摇晃，摇晃的过程中会产生一股强大的力量，据测算，伯劳瞬间摇晃猎物可以产生 6G 左右的重力加速度，足以把猎物的脊柱拧断，这便是伯劳所奉行的暴力哲学。

4

黑翅长脚鹬

树上开花

中文名

黑翅长脚鹬

拉丁学名

Himantopus himantopus

中国保护级别

三有

IUCN 保护级别

LC

黑翅长脚鹬有一个好听的名字“红腿娘子”，如果黑翅长脚鹬变成人形，它一定是一位万人迷。它有一双人类羡慕的大长腿，此外，它那苗条的身材、美妙的舞势更是迷人。它飞行的姿势也极为优雅，红色长脚并排后伸，远超过尾端，还不时发出尖锐的鸣叫。

每到夏季，在乌鲁木齐柴窝堡湖、达坂城湿地、红雁池、乌拉泊湿地、河河谷、南湖、九家湾、和平渠、青年渠都可以发现它们的踪迹。如果是在黑翅长脚鹬的繁殖期，你漫步于河滩，可能会不经意间遭到黑翅长脚鹬的“袭击”。

繁殖期的黑翅长脚鹬将爱巢筑在水边、苇塘、湿草甸等处的露出水面的岗地上。这种鸟以芦苇茎、叶及其他杂草为巢材，巢呈碟状。它们性情温和，常集群筑巢，有时还与其他鸟类混杂营巢。雌性黑翅长脚鹬每窝通常产 4 枚黄绿色的梨形卵，表面有黑褐色斑点。每到繁殖期的时候，也是黑翅长脚鹬警戒度最高的时期，无论是人还是牲口，任何闯入

黑翅长脚鹬
陈艳新拍摄

它们地盘影响其正常孵卵的行为都会遭到它们的驱逐。我曾经不小心踏入了它们的地盘，附近的黑翅长脚鹬立即起飞至空中盘旋、鸣叫，并时飞时落，诱引我离开。如果闯入者赖着不走的话，它们也有办法。

三十六计中有一计叫“树上开花”，说的是当自己的力量薄弱时，可以借别人的势力或某种因素，使自己看起来强大，以此虚张声势，慑服敌人。而黑翅长脚鹬也深谙其道。一只鸟的力量是薄弱的，于是黑翅长脚鹬与凤头麦鸡、反嘴鹬、泽鹬、普通燕鸥等滩涂边生活的鸟类集群生活，借助它们的力量形成攻守联盟，降低被捕食的概率，共同防御天敌，以众敌寡。一旦遇到敌情，成群的黑翅长脚鹬尖叫着在空中迅疾地飞翔盘旋，“欧～～欧～～”，空中回荡着它们拉警笛似的尖叫。有的甚至像轰炸机一样笔直地向我们俯冲，待到距离很近又“嗖”地拉起，这是岸边的鸟类居民向入侵者示威呢！无论谁先发现了敌人，所有的种类都会大叫大嚷、争先恐后地飞向空中，黑压压地一群鸟轰赶一只鹞，或者红隼。

大约 20 天左右，在黑翅长脚鹬父母的精心呵护下，毛茸茸的小家伙们陆续出壳，刚出世的小雏鸟虽长得土里土气的，但灰褐色的绒羽点缀着黑色斑点，形成了很好的保护色。9 月，迁徙的季节到了，黑翅长脚鹬陆续离开繁殖地向越冬地迁徙，来年再回来。

黑翅长脚鹬

LONG LEGGED PLOVER.

Himantopus melanopterus, *(Meyer)*

5

猎隼

抢占金雕巢

新疆有一个叫卡拉麦里的地方，有一种红色的山，我们称之为鹰山。鹰山上有许多猛禽的巢穴。那里，是我们长期观察猛禽的一个点。2012～2014年，我们在鹰山观察金雕，却多了一项意外发现。

金雕属于大型猛禽，翅膀足有2米，它们将巢穴建在悬崖峭壁间。鹰山上到处可见金雕的巢穴。金雕有沿用旧巢的习性。一个巢穴往往利用多年。不过，金雕并非连续利用同一个巢穴。一般在金雕的巢区有3～9个巢，金雕会轮流使用。金雕拥有强悍的捕猎能力，中小型兽类、鸟类都是它捕猎的对象。按常理来说，金雕的巢穴附近应该是军事禁区，别的鸟类不敢踏入一步。其实不然。我们观察中发现，金雕一处闲置的巢穴竟然被一只陌生的鸟占用了。哪只不知天高地厚的鸟有如此大的胆子敢占用空中霸主的巢穴?

此鸟非常鸟，乃是大名鼎鼎的猎隼。在猛禽中，猎隼只能算是中型猛禽，体型和金雕差很远。但是猎隼性情却极为彪悍。它平日里自己不会筑巢，专门抢占其他鸟类的巢穴。去年猎隼抢占了棕尾鵟的巢穴，今年竟然霸占了金雕的巢穴。自己巢穴被别的鸟抢占，金雕作何反应呢?

虽然是自己闲置的巢穴，金雕自然不愿意被别的鸟占据。更何况，此巢距离金雕繁殖巢只有区区几百米，卧榻之侧岂容他人酣睡。金雕曾经几次找到猎隼“理论”，企图将其赶走。可是这猎隼绝非等闲之辈。虽然体型没有金雕大，但是在近距离格

猎隼
马鸣拍摄

斗中，它远比金雕灵活。金雕每次发起进攻都要绕一个大圈，而猎隼则不然，它机动性更强，可以绕道金雕后面进行反冲锋。并且，猎隼比金雕速度更快。几次较量中，金雕丝毫占不到便宜。为此金雕只好作罢。就这样猎隼成功抢占了金雕的巢穴。

为了吸引异性的注意，地球上的动物往往会使出浑身解数。鸟类具有极好的视觉和听觉，它们主要靠表演各种动作（称为行为显示）和鸣叫来吸引异性。生活在开阔地域的鸟类主要是利用华丽的羽毛、复杂的行为来求偶；而生活在森林中的鸟类，由于视野受到限制，主要是依靠叫声来吸引异性。雄性为了得到配偶，必须在雌性动物面前尽力展现自己华丽的婚装和各种复杂的动作，而雌性动物则静观雄性卖力的表演，却迟迟不做出选择，这两个方面构成了求偶炫耀行为的全过程。此外，有的鸟儿在求偶之前往往有一些准备活动，其中重要的一项就是占据自己的地盘——领域。领域不仅仅是栖身和取食的场所，也是吸引异性、与之交配及繁育子代的地方。激烈的求偶竞争催生了花样百出的求偶方式：草原上的大鸨通过比舞来招亲，虎皮鹦鹉通过“学习技术”吸引异性的青睐，而彩鹬反其道行之，它们呈现母系社会的繁殖特征，通过占有资源而实行一妻多夫制。

八

情

求偶有法

1

虎皮鹦鹉

技术男上位

如何选择配偶是成人和动物界共同面临的难题，当年达尔文认为性选择可以促使认知能力的提升，即认知能力高的人更容易获得配偶。这在人类中比较常见，聪明的人更容易找到对象。那么鸟儿呢？传统的研究认为，鸟类求得配偶靠的是颜值（羽毛）、强壮的肌肉、占有领地、筑巢的本领等，而认知能力在鸟类求偶中发挥的作用不得而知。为了研究认知水平在鸟类求偶中的作用，中科院动物研究所的陈嘉妮博士和合作导师孙悦华等，用实验进行了验证。

他们选择虎皮鹦鹉进行验证。在鸟类中，鹦鹉属于智商爆表的一类，这也是选择它们的一个重要考量。因为在实验过程中，需要对模式动物进行培训，如果选择智商不在线的鸟儿，根本教不会，那实验也无法开展。

研究人员首先让虎皮鹦鹉们自由恋爱，让每一只雌性鹦鹉在两只雄性个体中选择自己中意的，总共有 9 只雌性鹦鹉做出了自己的选择。至于那些雌性鹦鹉的择偶标准是什么，我们不得而知。

随后，科研人员对这些情场失意的雄性鹦鹉们进行集中培训，提高其寻找食物的能力。开始的时候，这些虎皮鹦鹉们都是饭来张口，可以轻松获取食物。之后，研究人员为了增加虎皮鹦鹉的取食难度，在它们的餐盒上增加了“机关”——需要掀开盖子才能吃到食物。经过短暂的培训，这些失恋的虎皮鹦鹉掌握了这门技能。实验人员继续增加难度，继续

虎皮鹦鹉

王玉婧拍摄

中文名

虎皮鹦鹉

拉丁学名

Melopsittacus undulatus

中国保护级别

——

IUCN 保护级别

LC

在餐盒上做文章。接下来，虎皮鹦鹉需要更复杂的操作——揭开盖子、打开门、拉出抽屉才能获取里面的食物。研究人员为了让虎皮鹦鹉学会，一遍遍给这些鹦鹉们演示获取食物的方法。这可把鹦鹉们难住了，刚刚情场上失意不说，如今又面临人类的调戏，真是屋漏偏逢连夜雨。可是，没办法，毕竟鸟以食为天。在自己的不懈努力下，经过培训，这些虎皮鹦鹉终于掌握了在复杂条件下获取食物的能力。不过，此时，它们还没有意识到人类的良苦用心，接下来它们就能尝到甜头了。

研究人员把这些经过培训的雄性鹦鹉和之前获胜的雄性鹦鹉放在一起，让雌性鹦鹉再一次进行选择。结果 9 只雌性鹦鹉有 7 只选择了经过培训的雄性鹦鹉。那些之前失意的雄性鹦鹉成功完成了逆袭。那么，这里面还存在一个问题：雌性鹦鹉究竟是青睐于经过培训的雄性鹦鹉，还是单单看重“培训的技能”？因为还存在一种情况，雌性鹦鹉可能是对雄性鹦鹉获取的技能感兴趣，想跟他做朋友，如果这样的话，如果具备这一技能的是同性，雌性鹦鹉也会选择它。

为了完善这一验证，只需要看雌性鹦鹉如何选择同性朋友就可以了。

接下来，实验人员安排了一组对照实验，对一半未被选择的雌性虎皮鹦鹉进行上述同样的培训。经过培训后发现，大多数雌性鹦鹉之间的友谊，并没有因为这些未被选择的雌性鹦鹉成为“技术女”而发生改变。这充分说明了，雌性虎皮鹦鹉只是在求偶时会考虑技术加成，在找朋友时根本不考虑。

寻找食物的能力是鸟类认知能力的充分体现，这个实验充分证明了认知能力在鸟类求偶中所起到的作用，相关研究成果发表在著名学术刊物《科学》（*Science*）上。

一般的鹬属于鸻形目鹬科，而彩鹬却独属于一个科——彩鹬科，并且彩鹬科下只包含两个种，足见其非比寻常。从全球范围看，彩鹬分布很广，亚洲、欧洲、非洲及大洋洲都有它们的踪迹，但是这种鸟类却不容易发现。其中一个原因在于，彩鹬比较害羞，主要活动于较低海拔且植被覆盖较好的湿地、苇丛、草地、稻田、城市公园水域。它们白天隐匿于苇丛中活动，一般不出来，因而“养在深阁人未知”。彩鹬在国内数量稀少，在中国长江以北是夏候鸟，长江以南是留鸟以及冬候鸟。

彩鹬奉行“一妻多夫”的婚配制度。彩鹬的雌鸟要比雄鸟漂亮很多，而且雌鸟要比雄鸟大。这与雌性彩鹬需要求偶炫耀的繁殖行为有关。雌鸟主动向雄鸟示爱，为了获得雄鸟的青睐，多抢几个“老公”，它得让自己保持艳丽的外表。繁殖期由雌鸟占域求偶，雌鸟在夜晚和晨昏会发出特殊的求偶叫声。

虽然是“一妻多夫”制，但为了保证雄鸟有动力孵化自己的后代，彩鹬雌鸟并不是同时拥有多个丈夫，而是在某一段时间内只与一只雄鸟保持“一夫一妻”的关系，雌鸟会依次与不同雄鸟交配后为它们各产一窝卵，这样雄鸟知道孩子们是自己的，更有意愿孵卵育雏。如果反过来，雌鸟同时拥有好多丈夫的话，这些丈夫们不知道孩子是谁的，它们就没有孵化、照顾后代的动力。

为了让雄鸟心甘情愿地独自抚养后代，雌性彩鹬很有策略，它和一只雄鸟交配后几天都会形影不离。

彩鹬

李一凡拍摄

中文名
彩鹬
拉丁学名
Rostratula benghalensis
中国保护级别
三有
IUCN 保护级别
LC

待雌鸟产下 2 枚卵后，雄鸟就开始孵卵了。雌鸟的表演还在继续，待到它产完第 3 枚卵后就开始渐渐疏远雄鸟，等到产完第 4 枚卵就离去，偶尔也会回来产第 5 枚卵。雌鸟离开后开始物色新的丈夫，由雄鸟单独孵卵、育雏。

“彩鹬爸爸”是超级奶爸，独自抚养孩子长大。彩鹬属于早成鸟，出壳后就长有绒毛且能到处跑，这样就可以自己觅食了。幼鸟长有保护色，浑身浅黄褐色，头上和身上有黑色纵纹。褪掉绒毛长出羽毛后，幼鸟与爸爸长相相似。当幼鸟遇到危险时，彩鹬爸爸会把宝宝们护在翅膀和腹下。有意思的是，彩鹬幼鸟还会装死，当它感受到外界有危险时，就会不动，装死。和大多数鸟类一样，彩鹬主要以昆虫、蟹、虾、蛙、蚯蚓、软体动物以及植物的叶、芽、种子等为食。

彩鹬是很好的环境指示剂，只有生态环境好、采食环境优的地方，彩鹬才会择居而栖。彩鹬数量稀少，已被列入《世界自然保护联盟濒危物种红色名录》和《国家保护的有益的或者有重要经济、科学研究价值的陆生野生动物名录》。

婚配关系为“一妻多夫”制的鸟类的共同特征是，鸟卵经常因为捕食或气候反常遭受很大的损失。在这种背景下，生殖成功与否主要依赖于雌性。雌鸟一般具有迅速产出第二窝补偿卵的能力，甚至可以短期内多次产卵。对于这些雌鸟而言，转而寻找其他雄性迅速生下下一批子代是有利于提高其生殖成功率的。而如果雌性都选择离弃，雄性也选择离弃的话，雄性生殖成功率就等于降低了，所以雄性只好留下来哺育。由此形成雄性负责哺育的“一妻多夫”制度。

3

斑胸滨鹬
少睡觉多交配

睡眠是动物生命过程中不可或缺的过程，繁衍后代是生命中最大的欲望，如果二者发生了冲突，动物将会如何抉择呢？

大量数据表明，睡眠可以使得大脑保持清醒，维持神经系统正常运转。也有一种观点认为，睡眠只是为了节省能量。如果是这样的话，如果生命体清醒更有利的时候，那就可以进化出“免睡”的机制。这究竟是理论，是可能，还是现实中的真正存在？

科学家发现有一种叫斑胸滨鹬的鸟类，每年的6～7月，它们迁徙到北极的苔原带进行繁殖。斑胸滨鹬是一夫多妻制的鸟类，雄鸟不参与孵化和抚养后代，对于这些雄性而言，它们最大的生殖利益——后代数量，就是和尽可能多的雌性交配。每年，来到北极苔原繁殖的斑胸滨鹬，雄性会早早地占领地盘，然后进行求偶和交配。它们的交配环节极为混乱，雄鸟常和多个雌鸟交配，雌鸟会和多个雄鸟交配。雄鸟通过鸣叫来吸引异性的注意，它们或是在空中，或是在地上，或是在水边浅滩上，发出求偶的叫声。求偶的时候，雄鸟格外卖力，颈部膨大，发出“du-du-du”的鸣叫声，有时还会一边鸣叫一边扇动翅膀。有些时候，雄鸟会在地面上围着雌鸟转圈圈。

当然，求偶的道路上要面临激烈的竞争。雄性一面要抵御同性的入侵者，一面要寻找配偶进行交配，两手都要抓，两手都要硬。于是，它们需要时间，恨不得24小时都花在交配上。可是，在低纬度地区，受制于白昼的长度，它们无法做到一天24小时交配。然而，北极苔原带——斑胸滨鹬的夏季繁殖地，给它们提供了

斑胸滨鹬

绝佳的机会，在这里它们无需担心日出日落，一天 24 小时里，太阳都挂在天空。在性选择的刺激下，在整个繁殖期间的大约 19 天的时间里，雄性斑胸滨鹬花在睡眠上的时间远远小于雌性。据观察，一只雄性斑胸滨鹬曾经在 19 天里只有 5% 的时间花在睡眠上。它们忙着驱赶情敌、追求异性、进行交配，根本顾不上睡眠。

事实证明，雄性斑胸滨鹬的策略收到了积极的回报。那些睡眠越少的雄鸟拥有越多的机会和雌性进行交配，它们产下的后代数量也越多，从而获得更多的生殖利益。更为神奇的是，那些大幅度减少睡眠的雄性斑胸滨鹬的大脑神经系统活动正常，没有损失。并且雄性斑胸滨鹬也并没有因为睡眠减少而导致性功能下降。斑胸滨鹬的例子证明，当保持清醒更有利时，动物可以进化出免于睡眠的能力。

4

大鸨
比武招亲

大鸨是地球上古老的居民，中国很早就有关于它的记载。俗话说："上有天鹅，下有地鶬"，这里的"地鶬"指的就是大鸨，这是两种在人们心目中最名贵、最难得的鸟。那"鸨"的名字又是如何得来的呢？传说它们在集群生活时，总是七十只在一起形成一个小家庭。因此，人们在描述这种鸟时，就把它与集群时的个数联系在一起，在"鸟"的左边加上"七十"，"鸨"就由此而得名了。

后来不知为何，大鸨成为淫乱的代名词。明代朱权在《丹丘先生论曲》中开始把大鸨与妓女联系在一起："妓女之老者曰鸨。鸨似雁而大，无后趾，虎文；喜淫而无厌，诸鸟求之即就，世呼独豹者是也。"在颇有影响的《古今图书集成》一书里，记录了刘元卿《贤奕编》中的说法："鸨鸟为众鸟所淫，相传老娼呼鸨，意出于此。"民间也广泛流传着大鸨是"百鸟之妻"的说法。这些说法是真的吗？

大鸨生活在草原上，在求偶期的时候，会占领一定的领域，目的是为了占据食物资源，进而获得更多配偶的青睐。大鸨倾向于选择食物丰富、人为干扰少、利于隐蔽的地方作为自己的领域。雄鸨之间常常互相驱赶，不仅如此，它们甚至对侵犯自己占区的其他飞鸟、兽类也表现出对抗恐吓姿势。领域问题解决之后，雄性大鸨便开始求偶炫耀了。每到繁殖季节，雌雄大鸨会聚集到求偶场，求偶场一旦选择会连续使用，它这就类似于人类的擂台，那些想找"对象"的雄性大鸨都要到擂台上一较高下。而雌性大鸨在台下充当观众和裁判的角色。

大鸨

杜崇杰拍摄

大鸨

到了求偶场，面对周围的雌性大鸨，雄性大鸨便开始了炫耀。只见：雄鸨双腿微缩，伸直颈部，嘴水平向前，身体与地面保持平行，尾羽向上抬起并有向背部折叠的趋势，从而露出白色的尾下覆羽。此行为是雄鸨发情的重要标志。在炫耀的过程中，雄鸨最重要的一环就是向雌鸨展示其身体上的白色羽毛。雄鸨身上白色羽毛越多、越白，就越受雌鸨青睐，而它在争夺配偶的竞争中就越占优势。

雄鸨炫耀达到高潮的时候，尾羽上抬，尽量折向背部，并展开成扇状，露出洁白的尾下覆羽。然后颈部喉囊膨胀，颈下裸露的皮肤泛蓝色，喉部两侧白而纤细的须状羽根根竖起，直至眼下。头仰至背部，双翅向体后下方伸展，并尽力翻转成扇状，腕关节几乎拖至地面，露出雪白的翼下大覆羽，整个身体几乎全被白色羽毛所覆盖。

然后雄鸨保持这种姿势围着雌鸨开始转圈，距离时远时近，有时只是保持此姿势在原地来回有力地走动，以吸引雌鸨靠前，有时则迈着小碎步向前冲。雄鸨极力地在雌鸨面前展示自己华丽的羽毛、优美的舞姿和强壮的身体，以求得雌鸨的青睐。

在炫耀的过程中，雄性大鸨关键的一步是：要在雌性面前“无耻”地裸露它们的泄殖腔。泄殖腔是鸟类消化道的末端，但同时也是泌尿系统的排泄器官，还是缺少阴茎的交配器官。而这个“暴露狂”的目的是使雌性大鸨能更清楚地看到自己将“亲密接触”的部位是否有寄生虫，或者是寄生虫存在的迹象，比如腹泻产生的干便便。由于选择最健康、最强壮、最能干的雄鸟十分重要，所以雌鸟在选择配偶时会仔细检查雄鸟的泄殖腔，睁大眼睛看清楚。为了更好地展示自己，让泄殖腔保持干净，雄鸨会食用少量的有毒的芫菁科甲虫。这些甲虫体内含有毒性很强的斑蝥素，只要很小的剂量就可以杀死大部分动物，包括人类。斑蝥素有很强的抗菌驱虫效果，所以大鸨可以用它来治疗细菌、绦虫和线虫引起的消化道感染。雄鸨食用这种甲虫，可以帮助自己消除体内的寄生虫，在雌性面前呈现一个更健康、更强壮的自己，从而提高繁殖成功率。雄鸨这种自我药疗，也需要承担很高的中毒风险，但是却可以消除寄生虫、展示自己的抗毒性，并把抗毒性传给自己的后代。这让雄性在雌性的选择面前可以有效地提高竞争力。

不过大鸨的付出也会收获大的回报。大鸨炫耀比武的结果是赢家通吃，那些在求偶场获胜的大鸨可以和台下所有的雌鸨交配。因此，所谓的大鸨为众鸟妻、淫鸟等说法，都是以讹传讹。

大鸨在我国的种群数量曾经是相当丰富的，但由于人类农耕区域急剧扩大、过度放牧、人为捕猎等原因，给它们的生存和繁衍带来了严重影响，如今大鸨的数量已十分稀少，为我国国家一级保护动物。

5

天鹅

忠贞不渝

一鸟
一世界
鸟国
奇趣
之旅

To see a world in a wild bird

2019 年 2 月底，我在北京怀柔的郊区看到一群大天鹅，约 40 只，不知道是在此越冬还是迁徙路过。天鹅作为雁形目的一种大型鸟类，分布广泛，比较常见。很少有鸟类可以像天鹅一样，在不同民族的文化中都占有一席之地。

中国古代称天鹅为鸿鹄，鸿鹄之志寓意远大的志向。在古希腊神话中，天鹅有个美丽的别称——爱情之鸟，相传美女海伦的双亲就是勒达和一只宙斯幻化而成的天鹅。伊索寓言中流传着黑天鹅和白天鹅的故事。俄罗斯的芭蕾舞剧《天鹅湖》更是家喻户晓。中国分布着三种天鹅，分别是大天鹅、小天鹅和疣鼻天鹅。其中大天鹅和小天鹅不易区分。小天鹅可不是小时候的天鹅，它是一个独立的种。当然，成年的大天鹅比成年的小天鹅体型略大。其主要区别在于喙部黑色和黄色的比例，小天鹅喙部黑色比例更大。

中国古代常以鸳鸯作为爱情鸟，结婚喜庆用品都绣有鸳鸯的图案。其实天鹅才是真正的爱情鸟，而鸳鸯的婚姻极为混乱。作为一夫一妻制的鸟类，天鹅可谓是夫妻忠贞不渝的典范。据鸟类学家统计，疣鼻天鹅的“离婚率”不足 5%，这远远低于人类社会，足见天鹅夫妻间的忠贞不渝。天鹅一旦配对成功，几乎一生不分离。在人类眼中，这是忠贞不渝。在动物界，人类赋予动物身上的任何美德或者恶性都是有其生物学基础的。鸟类中，天鹅属于终身单配制，如果不出现意外，它们的夫妻关系可以维持终身。这还要从天鹅的行为说起。天鹅的交配行为比较复杂，一般在水中进行。由于天鹅体重

大天鹅

较大，交配不是一件容易的事情，需要夫妻彼此配合默契才可以顺利受精，繁衍后代。如果每年都更换配偶，无法形成这种默契，自然不利于繁衍后代。

此外，天鹅不像其他野鸭，一窝可以产下6～10个后代。天鹅每一次产卵比较少，一般1～3枚。由于后代数量少，天鹅夫妇更重视对于后代质量——存活率的保障。一般孵化的时候，多数时间雌天鹅在巢中孵卵，而雄天鹅在一旁警戒守候，几乎寸步不离。这种陪伴在雁鸭类中极为少见。天鹅在繁殖期护巢心切，一些天敌，如狐狸、狼过来，它们也敢于正面迎战。很多人可能不了解天鹅的战斗力。到过农村的都知道，农村有三霸：家鹅、土狗、大公鸡，其中排在第一位的就是家鹅。古代养鹅的重要目的之一就是看家护院。天鹅比家鹅体型更大，更富有战斗力。

天鹅宝宝出生后，毛色灰灰的，和成年天鹅截然不同，《丑小鸭》的故事就源于天鹅的这一特征。它们丑自然有丑的道理。白色在自然界中穿透力强，很容易被识别、发现。而天鹅宝宝灰白色的羽毛是一种天然的保护色，可以更好地躲避天敌。即便如此，未成年的天鹅也需要成年天鹅无微不至的保护。比较温馨的是，新生天鹅宝宝的哥哥姐姐们也会照看弟弟妹妹。

但是要说一方死后，另一方终生守寡，这就有点言过其实了。实际上也有一些天鹅失去配偶后会选择终身不娶、不嫁，但那些多是年老失去繁殖能力的天鹅了。如果是年富力强的天鹅，如果失去配偶，它们多半会在下一年再次求偶。毕竟繁育后代、保持自己的基因，才是地球上生命的最大欲望。

“鸟的脑子”在西方人词汇里是“笨蛋”的同义词，一般的观点也认为鸟类的智商非常低。法国哲学家亨利·柏格森在《创造进化论》一书中，认为“凡是能够做出推论的动物都具备智力”“从似乎是其原初的特征看，智力就是一种制造人造对象（尤其是制作用以制作工具的工具）的机能，这是一种对这种制造品进行无限变化的机能”“完善的智力是一种制造和使用非器官化工具的机能”。实际上，很多鸟类都是具备智力的。鸟类虽然大脑占身体的比重不如灵长类动物，但其大脑神经元的数量与灵长类不相上下，远远大于其他物种。而神经元数量和认知行为密切相关，鸟类大脑中有着专门的神经通路来实现复杂的认知能力。比如，绿背山雀会到人类的地盘上蹭饭；许多鸦科鸟类会制造和使用工具；戈芬氏凤头鹦鹉不仅可以自己创造工具，而且还会利用自己制造的工具吃到想要吃的食物……在长期的生存中，人类积累了足够的智慧，诸如《孙子兵法》《三十六计》等。而一些鸟类也可以巧妙地应用一些计谋：叉尾卷尾特别擅长模仿别的鸟的警报声，从而实现它的终极阴谋——抢劫其他鸟类的食物。

生存有道

1

绿背山雀

享用免费的早餐

很久以前，在英格兰有一只远东山雀不小心打开了一瓶牛奶，意外获得一种美味。之后附近的远东山雀纷纷效仿，也学会了喝牛奶。这其实是远东山雀的学习行为，并且它偏爱脂肪类食物。如果，打开的是醋瓶而不是牛奶瓶，其他山雀也就不会学习了。我在野外也遇到过类似的行为，不过主角不是远东山雀，而是它的近亲——绿背山雀。

2018 年 7 月，我在四川小寨子沟国家级自然保护区考察期间，住在大火地保护站。绿背山雀是周边的常见鸟。每天早晨醒来，都能听到它们叽叽喳喳叫个不停。绿背山雀和远东山雀长得很像，区别在于绿背山雀的背部是绿色的，这也是它名字的由来。绿背山雀是一夫一妻制，雌雄难以区分。它们腹部有一条黑带，雄鸟比雌鸟的略宽。这个季节正是它们的繁殖期，是亲鸟最忙碌的时候。绿背山雀主要以昆虫为食，它们每天要捕捉大量虫子，以满足自己和孩子的需求。接下来，这些绿背山雀发现了一个觅食的好地方。

保护区周边有一处灯诱的地方，上面是一个太阳能电池板，中间有微弱的灯光，四周是通电的铁丝。每天一到晚上，昆虫看到灯光会从四面八方赶来，如同飞蛾扑火，有去无回，被四周通电的铁丝给电死了、烤焦了。很多时候，我们坐在院子里都可以听到“呲呲”烤焦的声音，随后闻到一股烤焦的味道。

绿背山雀发现了这一觅食地。每天早晨，我可以看到它到灯诱的平台上寻找吃的。它轻轻地从铁丝圈内取出烧焦的虫子食用。令我疑惑的是，原本绿背山雀是捕捉野外虫子的，为何要天天来这里捡现成的？并且这里

绿背山雀
自贡市观鸟协会会员王火源拍摄

中文名
绿背山雀
拉丁学名
Parus monticolus
中国保护级别
三有
IUCN 保护级别
LC

的虫子多是烧焦的。按照人类的逻辑，烧焦的虫子肯定不如新鲜的虫子口感好。为何绿背山雀偏爱这烧焦的虫子呢？我不是鸟，不能直接询问，只有进行合理的推测，从中寻找端倪。

我们首先考虑绿背山雀对于烤虫的依赖，是偶尔为之，还是经常光顾。一连几日，我观察发现，它们每天早上都过来捡食，这里几乎成为它们早餐的地方，肯定不是偶尔为之。头天晚上被杀死的虫子，它们第二天一早就来捡食。

那么，它是因为喜欢烤肉吗？这个问题不好回答。需要控制实验。绿背山雀是食虫鸟，它们以新鲜的虫子为食。在进化上，它们的消化系统早已经适应。我观察发现，它们不是完全依赖烤焦的虫子，仅仅是早晨光顾，其他时间不来。我查看了下灯诱台里的虫子，还剩好多。如果，它们对于烤虫的喜爱超过生虫，那应该长时间在此觅食。

烤虫可能仅仅是绿背山雀的补充食物。和野外的食物相比，烤虫有几个优点：其一，不需要消耗时间去捕捉，可以直接捡现成的，这大大节省了它们的体力；其二，和野外食物相比，这里食物更加固定。在野外觅食，不一定每次都可以捕捉到，可是，在灯诱台上，几乎每天都有。早晨起来，绿背山雀经过一夜的消耗，来到灯诱台上，囫囵吞几只虫子，可以快速补充体力。

我们认识这个世界的同时，鸟儿也在认识这个世界。它们在适应生存中会不断地进行新的尝试。只不过，很多时候是我们人类自己思维僵化，认为周围的事物都不变。

绿背山雀

图片来自约翰 · 古尔德的《亚洲鸟类版画》

PARUS MONTICOLUS, Vig.

2

秃鼻乌鸦

制作工具

物竞天择，适者生存。随着气候变化、环境污染、人类干扰等的加剧，许多动物走向濒危、灭绝，然而乌鸦却能在这种恶劣的环境中发展壮大起来，无论走到哪里，几乎都可以看到它们的身影，堪称鸟类世界中真正的成功者。乌鸦的成功和它们的高智商密不可分。

《伊索寓言》里有一个《乌鸦喝水》的故事：一只乌鸦口渴了，它看到一个装有水的瓶子。可是瓶子里的水不多，瓶口又小，喝不到，怎么办呢？乌鸦于是把瓶子旁边的小石头一颗颗地放进瓶子里，使得瓶子里的水位升高。乌鸦就这样喝到水了。其实，这只是个故事，现实中乌鸦不需要到瓶子中去喝水，它们完全可以跑到水源地，诸如小河、水坑等处饮水。不过，它们的智商足以想到这个办法。不信，你看科学家的实验。

为了测试乌鸦解决问题的能力，来自剑桥大学的克里斯托弗·大卫·伯德（Christopher David Bird）博士和伦敦大学玛丽女王学院的内森·约翰·埃默里（Nathan John Emery）博士设计了一个巧妙的实验，在一个透明的瓶子里放上水，水面上放上虫子。实验对象为 4 只笼养的秃鼻乌鸦。

实验一：给受试者提供了 10 块大石头（平均 14.0 克 ±0.3 克），每块石头都可以将水位提高 4 毫米。如果水位低于可达到高度（受试者可以吃到虫子的高度）4 毫米，则受试者只需将 1 块石头放入瓶中，而如果水位低于可达到高度 28 毫米，则受试者必须放入 7 块石头。

实验二：同时给受试者 5 块小石头（2.06 克 ±0.1 克）和 5 块大石头（14.0 克 ±0.5 克）。小石头

秃鼻乌鸦
邢睿拍摄

中文名
秃鼻乌鸦
拉丁学名
Corvus frugilegus
中国保护级别
三有
IUCN 保护级别
LC

仅能将水位提高 1 毫米，而大石块可以将水位提高 4 毫米。在每次实验中，水位均低于可达到高度 12 毫米。

实验三：给受试者提供两个相隔 30 厘米的相同管子，一个管子在可达到高度以下 12 毫米处含有水；另一个管子在相同位置放置细锯末。在两个管子之间等距放置 5 块大石头。

实验结果显示，4 只受测试的秃鼻乌鸦都会使用旁边的石头，顺利吃到瓶子中的虫子。不仅如此，在实验过程中，它们可以迅速学会使用大石头而不是小石头来提升水位，这样更加快速、便捷。而面对装有细锯末的管子，秃鼻乌鸦尝试几次后立即放弃，它很快意识到往里面放石子是白费力气。

可见，《乌鸦喝水》的故事是具备现实基础的，乌鸦的确有足够的智慧借助工具喝到瓶子中的水。

其实秃鼻乌鸦不仅会使用工具，更为神奇的是，它们还会制造些简单的工具。英国剑桥大学的动物学家克里斯托弗·大卫·伯德曾经做过一个经典的实验。他圈养了 4 只 5 岁大的秃鼻乌鸦，在乌鸦旁边放了一根玻璃管，里面装有蠕虫。乌鸦看到蠕虫后想去吃，可是玻璃管很深，它们的喙够不到。这时，研究人员在玻璃管旁边放了一根笔直的铁丝，比玻璃管略长。这些乌鸦从来没有接触过这样的铁丝。可是，这根铁丝立即引起了它们的注意。乌鸦尝试着将铁丝的一端弯成钩子，而后将铁丝伸进玻璃管，成功钩取到了里面的蠕虫。

这个动物实验足以证明秃鼻乌鸦高超的智商，不过现实生活中它们也不需要这么麻烦地取食。秃鼻乌鸦属于杂食性鸟类，以动物尸体、昆虫、植物种子，甚至青蛙、蟾蜍为食，为了寻找食物，它们常聚集于垃圾堆与粪堆觅食腐肉与昆虫。正是因为食物广泛、智商超群，秃鼻乌鸦分布极广，就连北京城也是它们的栖息家园。

在英国，秃鼻乌鸦倾向于栖息在城外，而在北京，它们喜欢在城市中居住，尤其是冬季的时候，城内天坛、故宫等古代建筑的庭园都是它们的栖宿地。这可能是因为英国乡村中的建筑比较高大而能遮风，并有足够的树木，已具备了作为栖宿地的条件，秃鼻乌鸦无需迁入城内栖宿。

3

戈芬氏凤头鹦鹉

善于向“前辈”学习

中文名
戈芬氏凤头鹦鹉
拉丁学名
Cacatua goffiniana
中国保护级别
——
IUCN 保护级别
NT

一直以来，制造工具似乎成为人类的专利，即便是最聪明的动物也仅仅是会使用工具而已。随着科学研究的深入，科学家们发现还真有一些动物不仅会使用工具，也会制作工具，比如前文提到的秃鼻乌鸦会制造钩状铁丝，来获取玻璃管内的蠕虫；黑猩猩会用牙齿将木棍的末端咬成扇形，用于采集白蚁。而随着研究的发展，科学家们发现戈芬氏凤头鹦鹉也加入了会制作工具的动物的行列。

鹦鹉是鹦形目 358 种鸟类的统称，可谓是鸟类中最大的一个家族，主要分布在热带、亚热带森林中，羽毛大多色彩绚丽，十分引人注目。鹦鹉中体形最大的当属紫蓝金刚鹦鹉，身长可达 100 厘米，最小的是蓝冠短尾鹦鹉，身长仅有 12 厘米。鹦鹉家族不仅拥有高颜值，还拥有超高的智商，一些种类能够模仿人类说话。鹦鹉家族中，戈芬氏凤头鹦鹉堪称其中的佼佼者。

2012 年 11 月，维也纳大学的艾丽丝·奥斯佩格（Alice Auersperg）等科学家在研究中意外发现，一只叫“费加罗”的雄性戈芬氏凤头鹦鹉竟然可以制造和使用工具，并通过自制的工具吃到了食物。科学家在费加罗的笼子外面放了一枚坚果，进行

戈芬氏凤头鹦鹉“费加罗”制作工具

Alice Auersperg 等人拍摄

引诱。费加罗可以看到，但就是吃不到。美味近在眼前，要想个办法。科学家提前在笼子中放置了一根树枝，不过这根树枝带有分叉，无法伸到笼子外面。要知道，鹦鹉是典型的攀禽，对趾型足，两趾向前、两趾向后，适合抓握，且鹦鹉的喙强劲有力，可以食用硬壳果。这个时候，费加罗就地取材，它迅速衔起分叉的树枝，随后利用坚硬的喙部和强有力的爪子把树枝的分叉给去掉。紧接着，它把去掉分叉的树枝伸出笼子外，一点点将坚果拨近，成功吃到了美味。

这只叫“费加罗”的戈芬氏凤头鹦鹉，由此成为人类所知的第一只会制作工具的鹦鹉，颠覆了人类之前的认知。然而，这仅仅是个开始，殊不知长江后浪推前浪。费加罗制作工具的本领，被其他几只戈芬氏凤头鹦鹉看在眼里，记在心里。

观看了费加罗木匠课的 3 只戈芬氏凤头鹦鹉，随后也纷纷效仿，制作出来木棍，成功获取了身边的食物。不过，在这 3 只戈芬氏凤头鹦鹉制作工具的过程中，它们不仅仅是模仿，还加入了个人的“创意”，制作的木棍存在一定的差异。如果说费加罗制作工具可能属于灵机一动，还仅仅是简单动作。那么，其他 3 只戈芬氏凤头鹦鹉，就是有目的地学习了，并且在学习的过程中，后者通过群体间互动交流，刺激了它们的创造能力，因此这些“学生们”得以青出于蓝而胜于蓝，制作出的木棍工具更具实用性。

随后的实验出现了一个小插曲，戈芬氏凤头鹦鹉雌雄之间存在差异，雌性戈芬氏凤头鹦鹉制作工具的实验并不成功，它们好像比雄性的创造力和动手能力差了些。

4

叉尾卷尾

智取“生辰纲”

一鸟
一世界
鸟国
奇趣
之旅

To

see

a

world

in

a

wild

bird

叉尾卷尾

中文名

叉尾卷尾

拉丁学名

Dicrurus adsimilis

中国保护级别

——

IUCN 保护级别

LC

《水浒传》第十六回讲述晁盖等人智取生辰纲的故事。话说，梁中书要给岳父蔡京置办生辰纲，让青面兽杨志负责押运。晁盖一行人商定计策准备智取生辰纲，他们装扮成贩枣的商人，在黄泥冈遇着了杨志一行。吴用事先安排白胜装扮成酒贩子沿路叫卖。在吴用等人的精心设计下，杨志等人耐不住炎热饥渴，买了酒喝。不料，酒中被下了蒙汗药，杨志等人一个个晕倒。晁盖一行人不费吹灰之力劫取了生辰纲。

不曾想这打家劫舍的生意不仅人类中有，鸟类中也存在，不过它比晁盖更加高明。晁盖等人只是劫了生辰纲一次就遭到朝廷的通缉，被逼到梁山落草为寇。而这鸟儿一辈子都在打劫，却屡试不爽。此鸟正是叉尾卷尾，是卷尾科卷尾属中的一员，主要生活在非洲中南部地区，和中国的卷尾是近亲。

这叉尾卷尾平日里游手好闲，估计和智多星吴用比较类似，它平时不去寻找食物，把主要精力放在别的鸟的“生辰纲”上。不过，这叉尾卷尾有一项绝活，特别擅长模仿别的鸟的警报声。只要它经常听的鸟，无一不模仿得惟妙惟肖。据科学家统计，叉尾卷尾可以模仿多达 32 种鸟类的警报声。叉尾卷尾不是口技爱好者，它模仿其他鸟也不是为了耍酷，而是为了实现它的终极阴谋——抢劫。这抢劫可是一门技术活，就拿智取生辰纲来说，在大军师吴用的精心策划下，一行人分以下几个步骤进行，可谓环环相扣、步步惊心。

第一步：摸清路线，行家术语叫“踩点”。之前公孙胜、刘唐准确摸清了押运生辰纲的时间、路线以及护送人员名单，为后期做好了准备。

第二步：伪装自己，降低对手的警惕性。晁盖等人装扮成客商，在杨志的必经之地黄泥冈进行等候。

第三步：投其所好，找好时机下手。吴用抓住天气炎热、杨志等人口干舌燥的情况，故意让白胜假装酒贩从路上经过。经不住诱惑的杨志一行人就上当了。

叉尾卷尾的抢劫套路也大概分为这几步，不过比起吴用来，它显得更加高明。来自南非开普敦大学的汤姆·福劳尔（Tom P. Flower）博士通过在非洲卡拉哈里沙漠对64只野生的叉尾卷尾的日常行为进行持续观察，终于破解了叉尾卷尾的抢劫套路，并且把他的研究成果发表在著名学术期刊《科学》（*Science*）上。

第一步：踩点。叉尾卷尾会首先选择目标，它平日里喜欢跟在斑鸫鹛、狐獴等动物的身后。叉尾卷尾每天用四分之一的时间来进行准备工作——跟随。在跟随的过程中，叉尾卷尾会破解目标对象的警报声，并进行模仿。

第二步：伪装自己，降低对手的警惕性。以斑鸫鹛为例，叉尾卷尾找到目标对象后，平日里会跟随在斑鸫鹛身后。当天敌出现的时候，叉尾卷尾立即发出警报声。被跟随的斑鸫鹛听到了叉尾卷尾的警报信号，并借此逃避天敌。经过一段时间的磨合，斑鸫鹛认识到身后的叉尾卷尾是一只“好鸟”，可以帮助自己预报天敌。有了叉尾卷尾的协助，斑鸫鹛就可以用更多的时间去寻找食物了。于是乎，斑鸫鹛慢慢习惯了听从叉尾卷尾的“警报号令”。这真是好比杨志一行大热天看到了白胜的酒，怎能不馋？

第三步：行动。在慢慢取得了斑鸫鹛的“信任”后，叉尾卷尾就已经成功了一大半。之后，当发现斑鸫鹛找到一顿极有诱惑力的美味时，我们的阴谋家叉尾卷尾果断开启了忽悠模式——发出伪造的警报信息，当斑鸫鹛闻声惊慌逃窜后，叉尾卷尾则施施然地走上前去，将被匆忙丢下的食物据为己有，从而自己享用一顿免费美餐。

以上步骤和吴用智取生辰纲如出一辙，而体现出叉尾卷尾高明之处的地方在下面。吴用等人智取生辰纲是一锤子买卖，而叉尾卷尾却可以以此为生。俗话说得好，再一再二不能再三，难道它的欺诈行为就不会被识破吗？

即便是斑鸫鹛，在连续上当3次后也会自动忽略同一类型的警报声。叉尾卷尾鸟这时进一步显示出“欺骗大师”的才能，它们会连续两次发出同一物种的警报声，第三次则换成另外一物种的警报声，这种组合警报方法会让斑鸫鹛继续“中招”。叉尾卷尾虽然会用虚假警报骗取食物，但有时也会发出真的警报。这种有真有假且灵活多变的“战术性欺骗”策略可能说明叉尾卷尾拥有类似于心智理论所认为的复杂认知能力。

纵然叉尾卷尾如此高明，但一只叉尾卷尾每天通过欺诈行为获取的食物能量也仅占据其总摄取能量的23%，大部分食物还是要靠自己努力寻找。从某种程度上看，欺骗确实可以不劳而获，但是仅靠欺骗生存，还是不行的。

5

血雉

高海拔生存智慧

2016 年夏天，我在云南的老君山寻找滇金丝猴。我和向导穿过一片竹林，进入海拔 3300 多米的一片冷杉林。这是一片原始森林，高大的冷杉、铁杉、杜鹃遮天蔽日，林下只有微弱的光线。缠绕在树干上的松萝一缕缕地从树上垂下。倒下的枯木上长满了苔藓、地衣。地面上堆满了厚厚的树皮、落叶，湿漉漉的，有一种在雪地里行走的感觉。

我们没有发现滇金丝猴的行踪，不过在地面上看到了它们的新鲜粪便，看来这个猴群刚走没多久。我弯下腰，取出试管，小心翼翼地将地面上的猴粪放进去。就在这时，我眼角的余光瞥到一个晃动的身影。抬头一看，瞬间被它美丽的"容颜"怔住了。这是一只美丽的野鸡，长着红红的眼圈、高耸的发冠、猩红的脚和一身色彩丰富的羽毛。它从我面前一闪而过，消失在森林中，只留下一串独特的叫声，在山谷回荡。

这便是血雉，隶属于鸡形目雉科血雉属，主要分布于中国的青藏高原边缘及邻近的山系，包括喜马拉雅山、横断山脉、岷山、祁连山脉和秦岭地区。在国外，见于尼泊尔、不丹、印度和缅甸。血雉是中国国家二级重点保护野生动物，亚种分化众多，羽色变异较大，不过血雉所有亚种的脸和脚都是猩红色的，这也是它名字的由来。

能在野外遇见血雉实在是一种幸运。血雉的行踪极为隐蔽，主要活跃在海拔 2100 ～ 4600 米之间的山地中。它们有季节性垂直迁移的习性，冬季迁移至较低海拔越冬。彼此的遇见是大自然赐给我们的缘分，可那时我对血雉的认识，还仅仅停留在它美丽的外表上，慢慢地才有了深入的了解。

血雉是集群性的雉类，非繁殖季节常集成十几只的小群，多时可达 30 ～ 40 只。血雉繁殖期在 4 ～ 7 月，随纬度和海拔高度不同而略有差异。每年 3 月底～ 4 月初，血雉开始分群配对，它们是社会性单配制，配偶关系可维持整个繁殖季节。

配对后的血雉离开越冬地区，到亚高山针叶林占领巢区，之后便开始营巢，历时约 7 天。它们大多把巢筑于人迹罕至的草墩、岩石下以及木桩下的洞内或倒木旁，营巢区树木茂盛，巢很隐蔽。血雉的巢相当简陋，只要有一个比较中意的凹坑，在里面垫些苔草、松叶、云杉叶，再铺点儿苔藓、竹叶或松萝，在血雉眼中就是一个舒适的窝了。如果巢或卵在产卵期被破坏，血雉还会重新做巢、繁殖。

甘肃省莲花山地区的血雉一般在 4 月下旬开始产卵，通常每隔 2 天产 1 枚卵，在产最后 1 枚卵时往往仅隔 1 天。血雉一窝产 5 ～ 10 枚卵，卵呈长卵圆形，深褐色具有斑点，与地面枯枝败叶的环境相适应，是一种良好的保护色。

中国科学院动物研究所的贾陈喜研究员在甘肃莲花山长期研究血雉，他发现血雉的孵卵方式非常奇特。野外血雉的孵化期长达 37 天，这在鸟类中是极不寻常的。这么长的孵化时间和它们的孵化策略是紧密相关的。

对于一般的鸟类而言，孵化期大部分时间会待在巢中。而雌血雉一天中从黎明离巢到中午回巢，有大约 7 个小时的时间不在巢中。整个孵化期，雌血雉也只有 70% 的时间在巢中孵卵。通常来说，鸡形目鸟类在孵化期平均有 90% 的时间会待在巢中。同在莲花山的斑尾榛鸡，孵化期间有 93.5% 的时间在巢中孵卵。相比之下，雌血雉在孵化期似乎有点儿“心不在焉”。

卵的孵化需要恒定的温度。一般而言，最适合的孵化温度在 35 ～ 40℃。温度降低到生理零度（26℃）以下后，胚胎会停止发育。低于 4℃时，还会造成胚胎永久失活。所以，为了维持受精卵发育的适宜温度，母鸟通常在一天内多次短期离巢取食，来保证受精卵成功孵化。而雌血雉每天离巢一次，离巢时间长达 7 个小时，血雉卵有将近 3 个小时的时间低于 10℃，难道胚胎不会被冻死吗？结果证明我们的担心是多余的，在野外没有受到天敌干扰的情况下，血雉的孵化率仍然高达 90% 以上！

其实这种独特的孵化策略也是雌血雉的积极对策。虽然雄血雉和雌血雉的夫妻关系会维

血雉
向定乾拍摄

持到繁殖季末期，可是孵卵的重担却全部由雌鸟来承担。千万不要以为鸟儿孵卵是一件轻松的差事。孵卵时，雌鸟要消耗自身大量的能量来维持卵的温度。可是雌血雉也不是铁打的，它需要觅食，需要休息。怎么办呢？这就需要它在觅食、休息和孵卵之间进行权衡。如何既能保证孵化成功又能合理觅食，在长期的进化过程中，血雉找到了自己的策略。

每天早晨天刚亮的时候，雌血雉就出去觅食。早晨温度很低，雌血雉离巢后，卵的温度

ITHAGINIS CRUENTUS

会快速下降，按说它不应该在这个时间段离开。可是雌血雉已经在巢中待了18个小时了，急需休息、补充能量。血雉的孵化期在春季，这个时期食物很少，它们只能依靠取食苔藓维持生存。可是苔藓类食物的营养有限，血雉得找更多的苔藓填饱肚子，这就是为何雌血雉要花费那么长时间觅食。

面对类似的情况，有些鸟类采取不一样的策略。尤其是一些小型雀形目鸟类和一些水鸟，它们采取多次觅食、缩短单次觅食时间的策略，来弥补卵的温度快速下降。可是这对于雌血雉来说并不实用。因为血雉生活在3000多米的高海拔地区，如果多次离巢的话，每一次回来再把巢暖起来，消耗的能量会更多，得不偿失。

在长期的进化过程中，血雉的卵具备了更强的御寒能力，可以经受更大幅度的温度变化，以此来保证高孵化率。在长期适应环境条件的过程中，血雉孵卵温度的大幅度震荡，并没有影响其孵化率。可是这也要付出一定的代价，那就是血雉的孵化期比一般鸟类的孵化期更长。若按照胚胎正常发育推算，血雉的卵仅仅需要23.8天就可以孵化出来。同样，如果满足食物的需求，雌血雉也会增加待在巢里的时间。在人工饲养的环境下，雌血雉衣食无忧，孵化期仅仅在27～29天。

虽然雌鸟通过自己独特的孵化策略克服了觅食和孵卵的问题，保证了较高的孵化率。可是在孵化期，它们面临的形式依旧不容乐观，天敌无处不在。

在甘肃莲花山地区，一些哺乳类动物会无意中践踏血雉的巢。在秦岭长青地区，乌鸦是血雉最大的威胁。在长青寻找、观察血雉的向定乾发现，血雉繁殖率低的一个原因是乌鸦偷食了它们的卵。乌鸦擅长埋藏食物，有着很好的空间记忆能力。在长青，躲在树上的乌鸦，静观离巢觅食的雌血雉动向，便可以侦查出巢的具体方位。一旦被它们盯上，血雉的卵就遭殃了。

为了应对天敌的威胁，血雉夫妇格外谨慎。雄血雉虽然不孵卵，不过它也不是不管不问。在繁殖期，雄鸟的主要任务是警戒，这在一定程度上分担了雌血雉的压力。尤其是在雌血雉取食及理羽期间，雄血雉的警戒行为直接地提高了繁殖成功率。出壳后，血雉雏鸟绒羽一干就能到巢边活动。雌血雉护雏性极强，当雏鸟受到侵害时，会不顾一切地冲向敌害。

大自然赋予每一种生命生存的权利，必会赋予它们生存的策略。血雉与众不同的孵化方式，正是长期适应自然而进化出来的对策。

血雉
图片来自美国动物学家
Daniel Giraud Elliot的《野鸡雉科图鉴》

人类中有乞讨者，它们没有生计来源，全凭沿街乞讨过活。鸟类中兀鹫和秃鹫是猛禽中一群十分特殊的存在，在漫长的进化过程中，它们不是向更凶猛、更敏捷的方向演化，而是变得更懒惰、更笨拙，放弃了捕食动物的凶猛习性，转而取食动物尸体，干起了“收尸”的行当。“改行”的结果是，它们体型变得笨重，脚、爪钝而无力，飞行虽然持久，却不够灵巧，更谈不上迅速、敏捷。长期觅食尸体、腐肉的结果使它们成了徒有虚名的猛禽。全球鹫类仅存 23 种，中国约有 8 种，分别是秃鹫、高山兀鹫（喜马拉雅兀鹫）、欧亚兀鹫、胡兀鹫、白兀鹫（埃及兀鹫）、黑兀鹫、拟兀鹫（白背兀鹫）、细嘴兀鹫。近年来，由于环境污染、农药泛滥、食物中毒、栖息地丧失、捕捉与偷猎、传统药材与食物利用等原因，鹫类种群生存状况堪忧。非洲的鹫类、美洲的鹫类、南亚的鹫类都在走向灭亡。

十

因人而食

1

高山兀鹫

天葬神鸟

在西藏有一种神鸟——高山兀鹫，传说它可以将人类的灵魂带向天堂。藏传佛教讲究人死后回归自然，天葬是实现这一目的的绝佳方式，而高山兀鹫就负责这一神圣的使命。

高山兀鹫属于大型猛禽，翅膀张开足有 3 米，体长近 1 米，体重可达 7 ～ 9 千克，是名副其实的庞然大物。与其他猛禽相比，高山兀鹫最明显的特点就是它那光秃秃的脖子。它们专吃各种动物尸体，常集结成几十只甚至上百只的大群，在高原草甸、戈壁荒漠中寻觅死亡动物尸体。由于高山兀鹫长期生活在人迹罕至的深山、高原，行踪神秘，鲜为大众所知，即使国内的鸟类学家对它们的生态习性也

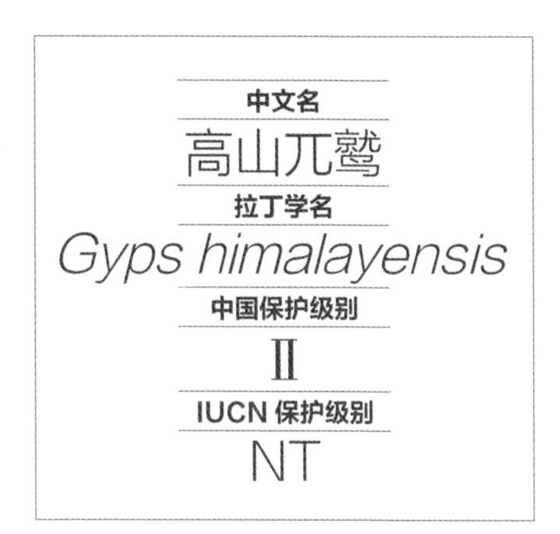

高山兀鹫

知之甚少。在新疆读研究生期间，我有幸去解开了它们不为人知的一面。

和硕境内的天山有个叫巴克熊沟的地方，那里有高山兀鹫的一个巢区。高山兀鹫的巢比较隐蔽，只有巢口的白色粪便比较显眼，岩壁上的白色成了我们重点搜索的目标。山体上方是陡峭的悬崖，两处光滑的岩壁上分布着 20 多个大小不等的洞穴，每个洞穴相距 3 ～ 4 米，整个巢区大概有 100 平方米。更为重要的是，洞口还有白色的东西，望远镜中可以看清那是粪便，而天空中盘旋的高山兀鹫，让我们更加坚定此处就是它们的巢区。没过多久，我们的判断得到直接的回复，几只高山兀鹫从洞中出来，一些则回去。

期待已久的朋友，我们岂能错过，望远镜下我们密切注意它们的一举一动，高山兀鹫是最好识别的猛禽之一，即使在高空也很容易分别，它们的尾部、翅膀的边缘黑色，其他都是白色，非常明显。

除了高山兀鹫外，附近的一群山鸦成了我们意外的收获，不过也带来思考的负担。高山兀鹫眼皮子底下，为何会有山鸦？高山兀鹫虽然生性不好杀戮，但也是大型猛禽，怎么会让山鸦住在自己家附近？

其实，之所以能够同处在一个屋檐下，与它们共同的爱好是分不开的。高山兀鹫和乌鸦都有食腐的习性，这就决定了它们会有更多合作的机会。高山兀鹫们选择群居的生活很大程度上是由生活习惯所决定的，自然界中尸体的密度要远远低于活体，目标也不是那么容易被发现的。为了解决这一难题，它们选择“单独活动、资源共享”，这样就可以尽最大可能地扩大搜索面积，进而提高捕食成功率。乌鸦是它们很好的战略合作伙伴，它们也可以为高山兀鹫提供线索。一旦发现食物，高山兀鹫们会迅速降落，然后把信号以一种特殊的方式传递出去。

山坡前的一片草场上，高山兀鹫越聚越多，注意到它们都往一个方向去，好像开会似的，我们在背后悄悄地尾随。在一块洼地上，我们发现了它们的秘密。约 30 只高山兀鹫在瓜分一头死去的牦牛，除了高山兀鹫，里面还夹杂了 2 只秃鹫和 1 只胡兀鹫。此时牦牛的后腿和腹部已被吃光，粗略估计下，吃掉的部分有 100 千克，先后有 60 只高山兀鹫进食，每只食量约为 1.5 千克。可能由于吃得太饱，当我们下车后，几只都已经飞不起来了，只能以走代飞，笨拙得像只鸵鸟。而牦牛背上的那一只更是大胆，我们走近后它仍旧不愿离开。对高山兀鹫而言，野外寻找食物比较困难，找到就要一次吃饱。

高山兀鹫群中竟然还夹杂着一匹狼，我们发现它的时候，它正在将头伸进牦牛的腹中尽享美味，脸上沾满了牦牛的血，完全不顾身旁还有一群兀鹫。现场是一片洼地，四周都是积雪，中间躺着一头牦牛，腹部已经被兀鹫们掏开。很明显这是一头成年家牦牛，从现场鲜红的血迹看，应该刚死不久。可是问题也来了，它是怎么死的？虽然兀鹫们就在现场，但是有点动物学知识的人都知道，肯定不是它们所为。而一旁鬼鬼祟祟的狼，虽然只有一只，但却有重大嫌疑。可是没有目击者，证据不足，无法做出有罪推定。

传言：古希腊有一位神父，一天被一只从天而降的乌龟砸中脑袋，一命呜呼。当时人们认为他是冒犯了神灵，遭到天谴。其实他很有可能是死于胡兀鹫之手。

胡兀鹫因吊在嘴下的黑色胡须而得名，它的长相非常奇特，全身羽色大致为黑褐色，头和颈都不像秃鹫、高山兀鹫那样裸露，而是具有锈白色的完整羽毛。眼睛前方和后方长有贯眼黑纹，由黑色的须状羽毛组成。胡兀鹫的飞行本领高超，为了寻找食物，一天可以翱翔 9 ～ 10 个小时。在高空翱翔时，它非常善于借助上升气流，可以飞到海拔 6000 米的高空。此外，胡兀鹫还善于超低空机动飞行，它可以利用尾羽轻微转动，在近地面 3 ～ 5 米的高度实现高速低空飞行。

和其他食腐的兀鹫和秃鹫不同，胡兀鹫不是完全依赖腐肉，它可以捕杀一些活物，比如一些中小型的鸟、兽。因此它比其他食腐肉的猛禽更为凶猛，在巢区也有袭击人的记录。胡兀鹫偏爱骨头，它的食管非常有弹性，可以吞下整块巨大的骨头，大至牛脊椎骨。有些大块的骨头无法直接吞咽，它们会把骨头带到空中，然后丢下，将骨头摔碎后捡食碎片。它也会用这种方式将乌龟叼起摔下。因此，前面那位悲惨的神父很有可能是被胡兀鹫无意中害死的。

在新疆，我发现胡兀鹫多单独活动，它们和高山兀鹫、秃鹫的性情迥然不同。高山兀鹫发现动物

2

胡兀鹫
谋杀神父的鸟

胡兀鹫

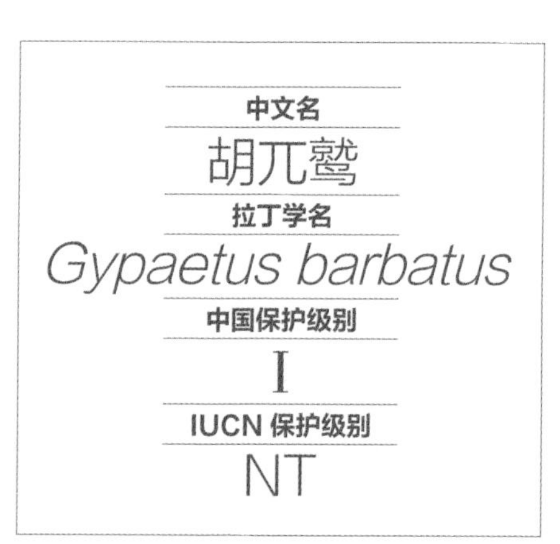
中文名
胡兀鹫
拉丁学名
Gypaetus barbatus
中国保护级别
I
IUCN 保护级别
NT

尸体后会一哄而上。而胡兀鹫要谨慎得多，它往往不直接落到尸体旁边，而是在附近仔细观察，确定没有危险之后才下来取食。

猛禽一般在春季繁殖，而胡兀鹫却在冬季繁殖。它的巢穴建在悬崖的平台或者洞穴里，十分隐蔽，很难发现。雌雄胡兀鹫共同搭建巢穴，巢材多就地取材，以树皮、枯草、灌木枝为主，夹杂动物的骨头、毛发、羽毛等。据韩联宪研究发现，胡兀鹫多在 1 ～ 2 月产卵，1 窝产 2 枚，3 ～ 4 月雏鸟出壳，6 ～ 7 月即离巢初飞。雏鸟离巢前食量最大的时候，正是牧区羊群刚度过冬天，老弱病残死亡率最高的时候，它们选择在这个季节繁殖，可能是蓄谋已久。

我们经常看到胡兀鹫羽毛呈现铁锈色，起初以为是当地环境所致。后来科学家研究发现，原来这是它们的伪装术。胡兀鹫会有意地将自己的羽毛染成铁锈色。20 世纪 90 年代，科学家们做了个有趣的实验，他们圈养了 45 只胡兀鹫，并且给它们提供不同颜色的水源和土壤。结果发现，胡兀鹫会每天在红色潮湿的泥土中沐浴。此后，科学家在野外发现胡兀鹫有类似的行为：1995 年，在比利牛斯山，有研究人员观察到 1 只胡兀鹫在锈色泉水中沐浴；1998 年又有学者多次观察到同样的现象。

胡兀鹫为什么要把自己染成铁锈色？在学术界一直存在争议。

有学者认为，成年胡兀鹫将身体染成铁锈色是一种地位的体现，可以保持其在种群内的优势地位。也有学者认为，红色土壤多含氧化铁，能消灭寄生虫，并具有抗氧化性能。

BEARDED VULTURE OR LŒMMER GEYER.

Gypaëtus barbatus; *(Storr)*

3

秃鹫

达尔文认为最恶心的鸟

查尔斯·达尔文1835年搭乘“小猎犬号”考察船考察期间，曾经遇见一种鸟，令他非常恶心，他在日记中写道：“这些鸟儿令人作呕，专为取食腐臭而生。”达尔文所描述的鸟其实就是秃鹫。

不仅是达尔文，当年我在新疆考察期间第一次看到秃鹫时也有类似的感觉。但正是这种令人作呕的鸟，却在高原上承担着一项重要的任务——清理尸体。假如没有秃鹫以及其他食腐鸟类，荒野上将会堆满动物的尸体，人间会变成真正的炼狱。不仅如此，这些腐烂的尸体还会传播疾病，给动物以及人类带来难以估量的影响。正是由于秃鹫等鸟类及时清理了动物的尸体，才有干净的荒野。秃鹫的食量惊人，1分钟能吞下大约1千克肉，1群秃鹫不到1小时就能将一头牛吃得精光。

腐烂的肉中一般会含有大量的细菌、病毒，其他动物都望而却步的东西，竟然是秃鹫的饕餮大餐，它们不会中毒吗？

这其中的奥妙在于，秃鹫有一个强大的胃，可令其百毒不侵。秃鹫胃内的酸性比人类的胃酸酸十倍，可以大量消灭摄入的可致病细菌。科学家曾经解剖了一只秃鹫，发现其大肠内容物里，85%的致病微生物不见了。即便如此，一些难缠的细菌依旧可以在秃鹫的体内存活。科学家发现，秃鹫大肠里的微生物群落主要由两种厌氧菌组成，即梭状芽孢杆菌属和梭杆菌属的细菌，这两种细菌对其他动物都是致命的，比如某些梭状芽孢杆菌种类可以造成

中文名
秃鹫
拉丁学名
Aegypius monachus
中国保护级别
Ⅱ
IUCN 保护级别
NT

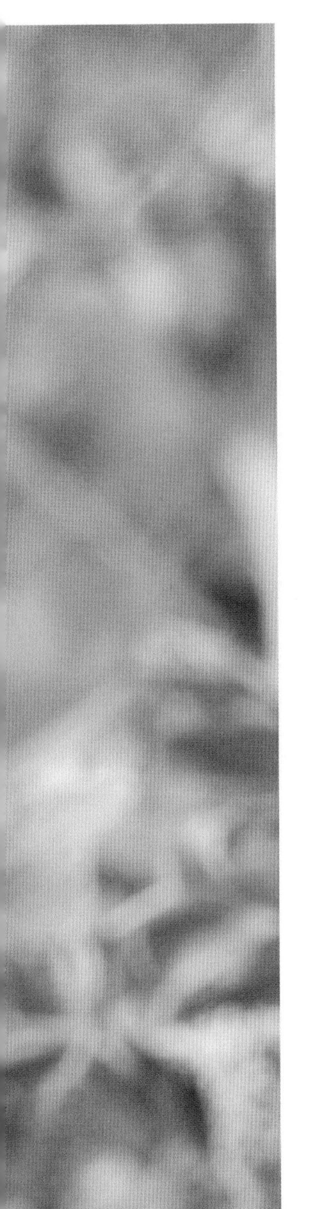

水禽大批量死亡，而梭杆菌属的具核梭杆菌可以引发人类的大肠癌。此外，另一项研究在秃鹫粪便里发现了炭疽杆菌，这种病菌可致炭疽病。可是秃鹫依旧没有被感染。

在这么多病菌环绕的情况下，秃鹫不仅存活下来了，还活得如此滋润，这不得不说是一个奇迹。可是，它是如何做到的呢？

研究发现，秃鹫肠道里的微生物种群起到了关键作用，在长期的进化中，这些肠道细菌和秃鹫形成了一种互惠的关系。比如梭状芽孢杆菌，这种杆菌在肠道里迅速繁衍，可以承担把食物分解成重要的营养物质的工作。作为回报，这些细菌需要稳定丰富的蛋白质来源。

此外，秃鹫体内拥有强大的免疫系统，可以产生针对梭状芽孢杆菌属中某些菌种的抗体，可以抵御一些神经毒素。有了这些特殊能力，秃鹫在进食的时候可以首先滤掉容易感染的微生物，留下那些对自己有利的细菌。

CINEREUS VULTURE.

Vultur cinereus; (*Linn.*)

4

白兀鹫

法老的小鸡

一鸟
一世界
鸟国
奇趣
之旅

To see a world in a wild bird

2012 年 4 月 2 日，鸟类观察者郭宏先生在乌恰县海拔 2000 米的一个垃圾堆旁发现了一只奇怪的白鸟。这个地方位于喀什以东大约 80 公里处。马鸣老师检查这些照片后，确定这只白鸟是一只成年的埃及兀鹫，又名白兀鹫。这是中国鸟类观察者首次拍到此种兀鹫，成为中国鸟类新纪录物种。事实上，这并不是白兀鹫在新疆的第一次记录。大约在 11 年前的伊犁地区，观鸟者叶思波（Jesper Hornskov）报道了一次白兀鹫的观鸟记录。然而，这次观察记录的报告并没有相关的照片，因此它的出现在当时没有证据证实。

白兀鹫是一种身材较小，但是非常凶猛的捕食者。它们有着白色和黑色的羽毛。当地人给它们取了一个昵称“法老的小鸡”。白兀鹫生存范围非常广泛，从加那利群岛到印度东部都能看到它们的身影。白兀鹫嘴尖尖的，顶端是黑色的，剩下的部分和整个头部都是明亮的黄色。这种鸟喜欢群居并且使用陈年老巢。白兀鹫在基因上与胡兀鹫关系很近。它们会吃食草动物的粪便来吸取类胡萝卜素，以保持他们黄色的皮肤。

更为神奇的是，白兀鹫是猛禽中唯一一种会使用工具的。在法国的比利牛斯山，一些鸟类学家惊奇地发现，白兀鹫在使用工具方面有着不寻常的本领，它们会用石头来敲碎鸵鸟蛋。科学家用一个鸵鸟蛋或仿造品来观察一只白兀鹫的本能反应。结果它看到蛋以后会立即采取行动，不需要任何指点。它知道如何使用工具来敲破鸵鸟蛋。而且，这并不是它对付鸟蛋的唯一方法，因为科学家曾见过它在面对鸡蛋时，改变了做法。它很清楚自己是否需要使用工具，以及如何使用工具。专家放了一个鸡蛋在那儿，这颗蛋显得很小。接下来，他们把白兀鹫放到地上，看看它会采取什么行动。结果发现白兀鹫把鸡蛋丢了出去。

对于白兀鹫而言，丢石头是一种与生俱来的行为，也是长期演化的结果。但它们也能明智地判断出，吃鸡蛋就不用大费周折了。科学家们推测，朝坚硬的鸵鸟蛋壳扔石头，可能是由把鸡蛋摔在地上这一最原始的行为发展而来的。

中文名

白兀鹫

拉丁学名

Neophron percnopterus

中国保护级别

—

IUCN 保护级别

EN

EGYPTIAN NEOPHRON.

Neophron Percnopterus; *(Savig.)*

5

拟兀鹫

亚洲特有

拟兀鹫为一种中型兀鹫，为亚洲特有种，在我国分布在新疆、青海、甘肃、宁夏、四川、云南、西藏等地，栖息于干燥而严寒的高山、山地或开阔平原。拟兀鹫与秃鹫有着类似的地方，都是外貌丑陋。不过在体型和力量方面，它们逊色于秃鹫，没有秃鹫那样的优势，更无法在食肉猛禽的排行榜中占据一席之地，只能依靠集群生活。

拟兀鹫主要以动物的尸体为食。它们没有其他猛禽那样锋锐的爪子，无法刺破猎物，只能撕裂腐烂、软化后的动物尸体。由于没有牙齿，拟兀鹫不需要咀嚼食物，直接整吞下去。为了能够填饱肚子，拟兀鹫通常会跟在一些猛兽后面吃一些残羹冷炙。每次发现食物之后，它们便飞落到目标的附近，首先察看周围的动静，然后才走近食物。拟兀鹫的喙没有继承猛禽家族的特征，较软，无法叨开新鲜的肉类，取食时只能把头部钻伸到动物尸体内啄食内脏和腐烂的肌肉。

虽然没有继承猛禽家族的凶悍，不过拟兀鹫的飞行能力却是一流的，和那些凶猛的猛禽相比，有过之而无不及。拟兀鹫特别善于利用上升气流，每天清晨，拟兀鹫们通常停息在岩峰上屹立不动，安静地等待着阳光把地面的空气加热，随后它们借助地面上升气流产生的浮力，在空中翱翔。在猛禽中，拟兀鹫的飞行速度属于末流，因为它们不需要借助速度高速俯冲地面的猎物，只需要优哉游哉地飞行就可以了，即便是拟兀鹫的最高飞行速度，也不过是每小时 90 公里。

拟兀鹫在中国属于国家一级保护动物，在整个亚洲范围内的生存岌岌可危。除了人类对于环境的污染破坏、大规模使用杀虫剂等原因外，拟兀鹫自身对环境的适应能力比较差也是其中的重要原因。拟兀鹫生育力极低下，平均一对拟兀鹫一年只能繁衍一只后代。目前拟兀鹫已被世界自然保护联盟列入了濒危物种红色名录中的极危等级，如果它们的生存现状得不到改善，再往后它们面临的可能就是野外绝灭了。

拟兀鹫

鸟类名录及保护级别

中文名	拉丁学名	中国保护级别	《世界自然保护联盟濒危物种红色名录》保护级别
金雕	*Aquila chrysaetos*	Ⅰ	LC
矛隼	*Falco rusticolus*	Ⅱ	LC
黄脚鱼鸮	*Ketupa flavipes*	Ⅱ	LC
仓鸮	*Tyto alba*	Ⅱ	LC
苍鹰	*Accipiter gentilis*	Ⅱ	LC
红隼	*Falco tinnunculus*	Ⅱ	LC
鸳鸯	*Aix galericulata*	Ⅱ	LC
山斑鸠	*Streptopelia orientalis*	三有	LC
灰斑鸠	*Streptopelia decaocto*	三有	LC
珠颈斑鸠	*Spilopelia chinensis*	三有	LC
火斑鸠	*Streptopelia tranquebarica*	三有	LC
欧斑鸠	*Streptopelia turtur*	三有	VU
棕斑鸠	*Spilopelia senegalensis*	三有	LC
喜鹊	*Pica pica*	三有	LC
绿孔雀	*Pavo muticus*	Ⅰ	EN
红嘴蓝鹊	*Urocissa erythroryncha*	三有	LC
北极燕鸥	*Sterna paradisaea*	—	LC
红颈瓣蹼鹬	*Phalaropus lobatus*	三有	LC
大滨鹬	*Calidris tenuirostris*	三有	EN
大红鹳	*Phoenicopterus roseus*	三有	LC
斑姬鹟	*Ficedula hypoleuca*	—	LC
丹顶鹤	*Grus japonensis*	Ⅰ	EN
朱鹮	*Nipponia nippon*	Ⅰ	EN
白胸苦恶鸟	*Amaurornis phoenicurus*	三有	LC
赤颈鹤	*Grus antigone*	Ⅰ	VU
美洲鹤	*Grus americana*	—	EN

续表

中文名	拉丁学名	中国保护级别	《世界自然保护联盟濒危物种红色名录》保护级别
棕尾鵟	*Buteo rufinus*	Ⅱ	LC
粉红椋鸟	*Sturnus roseus*	三有	LC
灰头绿啄木鸟	*Picus canus*	—	LC
大斑啄木鸟	*Dendrocopos major*	三有	LC
白背啄木鸟	*Dendrocopos leucotos*	三有	LC
远东山雀	*Parus minor*	—	—
欧夜鹰	*Caprimulgus europaeus*	三有	LC
白头硬尾鸭	*Oxyura leucocephala*	三有	EN
斑嘴鸭	*Anas poecilorhyncha*	三有	LC
普通秋沙鸭	*Mergus merganser*	三有	LC
中华秋沙鸭	*Mergus squamatus*	Ⅰ	EN
绿头鸭	*Anas platyrhynchos*	三有	LC
小䴙䴘	*Tachybaptus ruficollis*	三有	LC
金眶鸻	*Charadrius dubius*	三有	LC
棕尾伯劳	*Lanius isabellinus*	—	LC
黑翅长脚鹬	*Himantopus himantopus*	三有	LC
猎隼	*Falco cherrug*	Ⅱ	EN
虎皮鹦鹉	*Melopsittacus undulatus*	—	LC
彩鹬	*Rostratula benghalensis*	三有	LC
斑胸滨鹬	*Calidris melanotos*	三有	LC
大鸨	*Otis tarda*	Ⅰ	VU
大天鹅	*Cygnus cygnus*	Ⅱ	LC
小天鹅	*Cygnus columbianus*	Ⅱ	LC
疣鼻天鹅	*Cygnus olor*	Ⅱ	LC
绿背山雀	*Parus monticolus*	三有	LC
秃鼻乌鸦	*Corvus frugilegus*	三有	LC
戈芬氏凤头鹦鹉	*Cacatua goffiniana*	—	NT

续表

中文名	拉丁学名	中国保护级别	《世界自然保护联盟濒危物种红色名录》保护级别
叉尾卷尾	*Dicrurus adsimilis*	—	LC
血雉	*Ithaginis cruentus*	Ⅱ	LC
高山兀鹫（喜马拉雅兀鹫）	*Gyps himalayensis*	Ⅱ	NT
胡兀鹫	*Gypaetus barbatus*	Ⅰ	NT
秃鹫	*Aegypius monachus*	Ⅱ	NT
白兀鹫（埃及兀鹫）	*Neophron percnopterus*	—	EN
拟兀鹫（白背兀鹫）	*Gyps bengalensis*	Ⅰ	CR

注：1.根据《世界自然保护联盟濒危物种红色名录》（IUCN Red List of Threatened Species），物种保护级别被分为9类，绝灭（EX）、野外绝灭（EW）、极危（CR）、濒危（EN）、易危（VU）、近危（NT）、无危（LC）、数据缺乏（DD）、未评估（NE）。最新变化可登录https://www.iucnredlist.org/查询。

2. 表中Ⅰ和Ⅱ表示根据《中华人民共和国野生动物保护法》，该物种分别属于我国国家一级保护野生动物和国家二级保护野生动物；三有即三有保护动物，表示该物种已被列入我国《国家保护的有益的或者有重要经济、科学研究价值的陆生野生动物名录》。

[1] 本刊编辑部. 爱“化妆”的胡兀鹫 [J]. 大自然，2014 (6): 23.

[2] 楚国忠，杨秀元. 大山雀雏期对越冬后马尾松毛虫幼虫的捕食作用 [J]. 动物学杂志，1987 (3): 15-17.

[3] 楚国忠. 大山雀雏鸟的生长，食量及对马尾松毛虫种群密度的功能反应和数量反应 [J]. 林业科学研究，1989 (1) :9-14.

[4] 楚国忠. 大山雀对油毡巢箱的利用率及适宜性的研究 [J]. 林业科学，1991, 27 (6): 602-608.

[5] 丁长青. 朱鹮研究 [M]. 上海：上海科技教育出版社，2004.

[6] 丁长青，李峰. 朱鹮的保护与研究 [J]. 动物学杂志，2005 (6): 54-62.

[7] 杜利民，马鸣. 黄爪隼和红隼的繁殖习性记录 [J]. 四川动物，2013, 32 (5): 766-769.

[8] 顾孝连，郭玉民，刘晓龙. 喜鹊行为趣事 [J]. 野生动物，2005, 26 (3): 40-41.

[9] 郭宏，马鸣. 中国鸟类新纪录——白兀鹫 (*Neophron percnopterus*) (英文) [J]. Avian Research, 2012, 3 (3): 238-239.

[10] 韩联宪. 自然界的清洁工——胡兀鹫和高山兀鹫 [J]. 大自然，1999 (6).

[11] 李世纯等. 粉红椋鸟的食性及其对蝗虫种群密度的影响 [J]. 动物学报，975, 21 (1), 71-77.

[12] 华宁. 鸻鹬类春季在黄海区域迁徙停歇地的能量积累 [D]. 上海:复旦大学，2014.

[13] 刘荫增. 朱鹮在秦岭的重新发现 [J]. 动物学报，1981 (3): 74.

[14] 刘九江. 叉尾太阳鸟 [J]. 林业与生态，2016 (9): 41.

[15] 刘光裕. 猛禽与萌禽：中国人与猫头鹰的爱恨情仇.科学网博客，2015.http://blog.sciencenet.cn/blog-300114-910718.html.

[16] 罗千洳. 会变色的火烈鸟 [J]. 大自然探索，2011 (2): 54-61.

[17] 吕士成. 丹顶有毒吗? [J]. 人与生物圈，1999 (3).

[18] 吕士成. 告诉你的一个丹顶鹤的世界 [J]. 森林与人类，2005 (5): 50-52.

[19] 马鸣等. 中国西部地区猎隼 (*Falco cherrug*) 繁殖生物学与保护 [J]. 干旱区地理 (汉文版)，2007, 30 (5) :654-659.

[20] 马鸣等. 中国鸟类家族的新成员——大红鹳 [J]. 大自然，1998 (1).

[21] 马鸣等. 新疆兀鹫 [M]. 北京：科学出版社，2018.

[22] 马志军等. 迁徙鸟类对中途停歇地的利用及迁徙对策 [J]. 生态学报，2005, 25 (6): 1404-1412.
[23] 彭善国. 辽金元时期的海东青及鹰猎 [J]. 北方文物，2002 (4) :32-37.
[24] 钱国桢，徐宏发. 太湖绿翅鸭、琵嘴鸭、斑嘴鸭气体代谢的季节变化 [J].生态学报，1986, 6 (4) :330-335.
[25] 王中裕. 普通秋沙鸭的越冬习性 [J]. 野生动物，1984 (1): 21-22.
[26] 吴学平. 揭开火烈鸟羽毛变色之谜 [J]. 科学之友 (上半月)，2011 (5): 47.
[27] 徐国华等. 中国8种鹫类分类、分布、种群现状及其保护 [J]. 生物学通报，2016, 51 (7): 1-4.
[28] 徐学良，谷风. 海东青的分布和产地 [J]. 黑河学刊，1988 (1): 90-92.
[29] 严旬. 火烈鸟 [J]. 野生动物，1984 (6): 13.
[30] 杨晓君等. 春季绿孔雀的栖息地及行为活动的初步观察 [C] // 第四届海峡两岸鸟类学术研讨会. 2000.
[31] 易国栋等. 中华秋沙鸭繁殖习性初报 [J]. 动物学杂志，2008, 43 (6): 57-61.
[32] 易国栋等. 中华秋沙鸭越冬行为时间分配及日活动节律 [J]. 生态学报，2009, 30 (8): 2228-2234.
[33] 余鹏程等. 珠颈斑鸠 (*Streptopelia chinensis*) 十二指肠组织化学研究 [J]. 江西农业大学学报，2017 (03) :29-33.
[34] 翟天庆等. 朱鹮种群现状及自然迁移规律 [J]. 野生动物，2008, 29 (6): 319-321.
[35] 赵正阶等. 鸳鸯的繁殖生态学研究 [J]. 东北师大学报 (自然科学版)，1980 (2): 55-61.
[36] 赵正阶等. 中华秋沙鸭繁殖期的行为 [J]. 野生动物，1995 (1): 19-21.
[37] 赵匠等. 大鸨繁殖期活动时间预算和日节律 [J]. 应用生态学报，2003, 14 (10): 1705-1709.
[38] 赵序茅. 西域寻金雕 [M]. 北京：科学普及出版社，2014.
[39] 赵序茅，桑新华. 赤颈鹤的前生今世 [J]. 森林与人类，2015 (6): 90-91.
[40] 赵序茅. 鸟国: 动物学者的自然笔记 [M]. 北京：科学普及出版社，2016.
[41] 赵序茅. 寻常鸟类不寻常的故事 [J]. 生命世界，2017 (9): 1.
[42] 赵序茅. 象征喜庆的喜鹊 [J]. 生命世界，2017 (9): 18-25.
[43] 赵序茅. 树木医生——啄木鸟 [J]. 生命世界，2017 (9): 26-35.
[44] 赵序茅，马鸣. 天山寻兀鹫 [J]. 求知导刊，2013 (1): 67.
[45] 赵序茅，马鸣，张同. 生境堪忧的白头硬尾鸭 [J]. 大自然，2013 (1): 78-80.
[46] 赵序茅. 普通秋沙鸭 [J]. 生命世界，2017 (7): 34-35.

[47] 赵序茅. 鸳鸯，在兄弟和夫妻间徘徊 [J]. 生命世界，2017 (8): 70-83.
[48] 赵序茅等. 白头硬尾鸭行为时间分配及日活动节律 [J]. 生态学杂志，2013, 32 (9): 2439-2443.
[49] 郑光美. 科学家大自然探险手记·鸟之巢 [M]. 济南：明天出版社，2013.
[50] 钟圣伟等. 珠颈斑鸠腺胃复管腺显微结构与组织化学研究 [J]. 安徽农业大学学报，2018, v.45；No.162 (02): 53-57.
[51] 邹桂萍，龚军生. 棕尾鵟 翱翔在荒漠上空 [J]. 森林与人类，2017 (4): 88-93.
[52] Auersperg A M I, et al. Social transmission of tool use and tool manufacture in Goffin cockatoos (*Cacatua goffini*) [J]. Proceedings of the Royal Society B:Biological Sciences, 2014, 281 (1793) :20140972-20140972.
[53] Auersperg A M I,et al. Spontaneous innovation in tool manufacture and use in a Goffin's cockatoo [J]. Current Biology, 2012, 22 (21) :R903-R904.
[54] Bird C D , Emery N J . Rooks Use Stones to Raise the Water Level to Reach a Floating Worm [J]. Current Biology, 2009, 19 (16) :1410-1414.
[55] Both C. Adjustment to climate change is constrained by arrival date in a long-distance migrant bird [J]. Nature, 2001, 411 (6835) :296-298.
[56] Both C, et al. Climate change and population declines in a long-distance migratory bird [J]. Nature (London), 2006, 441 (7089) :81-83.
[57] Caven AJ, et al. Adult Whooping Crane (*Grus americana*) consumption of juvenile channel catfish (*Ictalurus punctatus*) during the avian spring migration in the Central Platte River Valley, Nebraska, USA [J]. Monographs of the Western North American Naturalist, 2019,11 (1), 2.
[58] Chen J, et al.Problem-solving males become more attractive to female budgerigars [J]. Science, 2019, 363 (6423) :166-167.
[59] David W. Winkler, Shawn M. Billerman, Irby J. Lovette. Bird Families of the World [M] .Lynx Edicions, 2015.
[60] Egevang C, et al. Tracking of Arctic Terns Sterna Paradisaea Reveals Longest Animal Migration [J]. Proceedings of the National Academy of Sciences of the United States of America, 2010, 107 (5) :2078-2081.
[61] Flower, T. Fork-tailed drongos use deceptive mimicked alarm calls to steal food [J]. Proceedings of the Royal Society B: Biological Sciences, 2011, 278 (1711) :1548-1555.
[62] Flower T P , Gribble M , Ridley A R . Deception by Flexible Alarm Mimicry in an African Bird [J]. Science, 2014, 344 (6183) :513-516.

[63] Guo H, Ma M. The Egyptian Vulture （*Neophron percnopterus*）: record of a new bird in China [J] . Chinese Birds,2012, 3（3）, 238-239.

[64] Jia CX, Sun YH, Swenson JE.Unusual incubation behavior and embryonic tolerance of hypothermia by the Blood Pheasant （*Ithaginis cruentus*） [J] . The Auk,2010,127（4）, 926-931.

[65] Lesku J A ,et al. Adaptive Sleep Loss in Polygynous Pectoral Sandpipers [J] . Science, 2012, 337（6102）:1654-1658.

[66] Rolfe. R L. Numbers of magpies preying on a roost of tree sparrows [J] . British Birds, 1965, 58:150-151.

[67] Sustaita D, Rubega MA, Farabaugh SM.Come on baby, let's do the twist: the kinematics of killing in loggerhead shrikes [J] . Biology letters, 2018,14（9）, 20180321.

[68] Szekely T, Thomas GH, Cuthill IC. Sexual conflict, ecology, and breeding systems in shorebirds [J] . BioScience, 2006,56（10）, 801-808.

[69] Stoyanova Y , Stefanov N , Schmutz J K . Twig Used as a Tool by the Egyptian Vulture（*Neophron percnopterus*） [J] . Journal of Raptor Research, 2010, 44（2）:154-156.

[70] Urbanek R P , et al. Winter release and management of reintroduced migratory Whooping Cranes *Grus americana* [J] . Bird Conservation International, 2010, 20（1）:43-54.

[71] Van Lawick-Goodall J , Van Lawick-Goodall H . Use of Tools by the Egyptian Vulture, *Neophron percnopterus* [J] . Nature, 1966, 212（5069）:1468-1469.

[72] Vorobyev, M. Coloured oil droplets enhance colour discrimination [J] . Proceedings of the Royal Society B: Biological Sciences, 2003, 270（1521）:1255-1261.

[73] Waldvogel J A . The Bird's Eye View [J] . American Scientist, 1990, 78（4）:342-353.

后记及致谢

之前写了本《鸟国：动物学者的自然笔记》，反响不错，有读者建议我写一本鸟国 2.0。思索之后，我和原来有了不一样的想法。

人法地，地法天，天法道，道法自然。人类擅长学习，诸如仿生学，就是学习动物的智慧。这是事实，但也没必要夸大，大讲特讲动物智慧。有的甚至将动物的团队管理奉为圭臬，这就有些过了。人类是拥有无与伦比的智慧的，这方面动物难以企及。

但是，动物也有自己的智慧，这智慧不是教给人类如何进行管理、如何创造经济效益，动物最大的智慧是知道如何与环境和谐相处。动物不会无休止地破坏自己赖以生存的环境。反之，在长期的进化中，动物为了适应环境，会控制自己的繁殖，不会无休止扩张。举个例子，猛禽中的金雕可谓强势的空中霸主，在自然界中几乎没有敌手，可是它无法肆无忌惮地繁殖。因为环境中的食物会制约它们的生存，如果遇上食物紧张的时候，它们的幼鸟出巢率会变得极低，这是适应环境的有效途径。而反观人类，为了眼前的利益，无休止地开发、扩张，不断破坏着我们赖以生存的环境，置万千生灵于不顾。

在进化上，动物是人类的祖先，它们比人类更早地来到地球。人类就像一个暴发户，10 万年前和动物没有太大区别，而就在短短的十万年，人类成为地球的霸主。在进化的尺度上，10 万年过于短暂，人类过于迅速地进化，获得巨额利益的同时，忘却了自己动物的本性。现在没有一个人愿意承认自己是动物。人类成功了，却并没有学会如何与自然相处，这或许是缺陷，也或许是大自然绝妙的安排，以此惩罚人类的狂妄。

从人类社会再到鸟类世界，我们不妨俯下身姿，观察这些鸟儿。几乎每一种鸟都是一个世界，它们有自己的社会规则、生存智慧，井然有序、万年如斯。这个时候你还会说，它们是低等动物吗？这也是我写此书的本意，就想告诉人类，鸟儿有自己的世界、自己的生活方式，丝毫不亚于人类。我们不要妨碍它们的生活，更不要想当然地认为它们都是低等级动物。

在撰写书稿过程中，感谢此书的责任编辑孙晓梅，她是如此的敬业，几乎每一个知识点都进行了细致的核实。还要感谢向我提供图片的马鸣老师和好友陈艳新、杜崇杰、段煦、黄亚慧、李一凡、沈海滨、王火源、王玉婧、西锐、向定乾、邢睿、邹桂萍等。最后感谢一直支持我的读者，你们是我前进的动力！